# プラス月5万円で暮らしを楽にする 超かんたんAmazon販売

小笠原 満〔著〕

SE
SHOEISHA

# 本書内容に関するお問い合わせについて

このたびは翔泳社の書籍をお買い上げいただき、誠にありがとうございます。弊社では、読者の皆様からのお問い合わせに適切に対応させていただくため、以下のガイドラインへのご協力をお願い致しております。下記項目をお読みいただき、手順に従ってお問い合わせください。

### ●ご質問される前に

弊社Webサイトの「正誤表」をご参照ください。これまでに判明した正誤や追加情報を掲載しています。

正誤表　http://www.shoeisha.co.jp/book/errata/

### ●ご質問方法

弊社Webサイトの「刊行物Q&A」をご利用ください。

刊行物Q&A　http://www.shoeisha.co.jp/book/qa/

インターネットをご利用でない場合は、FAXまたは郵便にて、下記“翔泳社 愛読者サービスセンター”までお問い合わせください。
電話でのご質問は、お受けしておりません。

### ●回答について

回答は、ご質問いただいた手段によってご返事申し上げます。ご質問の内容によっては、回答に数日ないしはそれ以上の期間を要する場合があります。

### ●ご質問に際してのご注意

本書の対象を越えるもの、記述個所を特定されないもの、また読者固有の環境に起因するご質問等にはお答えできませんので、予めご了承ください。

### ●郵便物送付先およびFAX番号

送付先住所　〒160-0006　東京都新宿区舟町5
FAX番号　03-5362-3818
宛先　（株）翔泳社 愛読者サービスセンター

※本書に記載されたURL等は予告なく変更される場合があります。
※本書の出版にあたっては正確な記述につとめましたが、著者や出版社などのいずれも、本書の内容に対してなんらかの保証をするものではなく、内容やサンプルに基づくいかなる運用結果に関してもいっさいの責任を負いません。
※本書に掲載されているサンプルプログラムやスクリプト、および実行結果を記した画面イメージなどは、特定の設定に基づいた環境にて再現される一例です。

# コレが鉄板！売れる商品の探し方

売れる＆儲かる商品の特徴をズバリ大公開！
初心者でもできる方法なので、まずは試してみましょう。
一度感覚をつかめば、あとはかんたんです。

# コレが鉄板！ 売れる商品の探し方

## 誰でもできる仕入れテクニック

Amazonで販売を始めるにあたって、最初の壁は仕入れでしょう。でも、探し方のコツさえ知っておけば、難しいテクニックは必要ありません。

ここではプロである筆者が、Amazonで特に売れやすい商品ジャンルと、その探し方をズバリ教えます！

## DVD／CD／ブルーレイ／ゲーム

DVD、CD、ブルーレイ、ゲームといったメディア系の商品は、家電店のオンラインストアで安売りしていることがあります。Amazonの出品価格と見比べて、安く販売されているものを仕入れましょう。出品に慣れるまでは、クレームやトラブルが起きにくい新品未使用の商品がおすすめです。

リサーチするときは、数量限定などの値引き率が高い特価商品からチェックすると効率的です。DVDやブルーレイはBOX商品のほうが高単価なので利益が取りやすく、狙い目です。家電量販店のオンラインストアで商品を購入するなら、購入金額に応じて付与されるポイントも利益として考えることができます。特価商品のキャンペーンページなどで商品に目をつけ、JANコード（バーコードの番号）をコピペしてAmazonで検索をかけるとスムーズです。

また、価格だけでなくAmazonランキングにも気をつける必要があります。ランキングが低い商品は売れるまでの期間が長く、在庫が負担になってしまう可能性があるからです。流行もあるので一概には言えませんが、メディア系の商品はAmazonランキングで10万位以内を目安にするとよいでしょう。

## ブランド家電

リサイクルショップやディスカウントストアは、仕入れ商品の宝庫です。仕入先を探している人には、まずおすすめしたい場所です。これらのお店で取り扱っている商品カテゴリーは幅広いので、玩具、家電、パソコン周辺機器、DVD、ゲームなど、一度にさまざまな商品を見つけることができます。

特に、フィリップス、ダイソン、ティファールといった家電メーカーの商品は人気があり、単価が高くて

魔界戦記ディスガイア5 初回限定版

| 商品 | ゲームソフト(PS4) |
| --- | --- |
| 仕入れ価格<br>(家電店オンラインショップ) | 5378円(税込) |
| 販売価格<br>(Amazon、新品の最安値) | 7178円(税込) |
| 粗利益額 | 1800円 |

ウォーキング・デッド Blu-ray BOX

| 商品 | 海外ドラマ DVD BOX |
| --- | --- |
| 仕入れ価格<br>(家電店オンラインショップ) | 6415円(税込) |
| 販売価格<br>(Amazon、新品の最安値) | 7360円(税込) |
| 粗利益額 | 945円 |

もよく売れます。ただし、ひげ剃りや調理器具などは、中古品はあまり売れません。新品未開封品や、新古品を狙って仕入れをしましょう。リサイクルショップに並んでいる商品は、値札に「新品」「新品開封済み」などと書いてあることが多く、探しやすいと思います。また、根気は必要ですが、中古品として販売されている商品の中から、開封しただけの未使用新品の商品を見つけられることもあります。注意深く探してみてください。

リサイクルショップでも、同じ商品の在庫が複数ある場合は、新品商品の可能性が高くなります。商品が工場から出荷されたままの状態であれば、Amazonで「新品」として出品しても大丈夫です（封が開けられていないか、外箱の封印シールなどを確認すること）。ちなみに、封が

| 商品 | アイロン |
|---|---|
| 仕入れ価格（家電店オンラインショップ） | 11340円（税込）※リサイクルショップならもっと安い可能性が高い |
| 販売価格（Amazon、新品の最安値） | 12480円（税込） |
| 粗利益額 | 1140円 |

| 商品 | 映画パンフレット |
|---|---|
| 仕入れ価格（ヤフオク！） | 560円（税込） |
| 販売価格（Amazon、新品の最安値） | 1600円（税込） |
| 粗利益額 | 1040円 |

開けられている「新品未使用」の商品を販売する場合、Amazonでは「中古品-ほぼ新品」という扱いになります。[*1]

＊1：商品コンディションの詳細については、Chapter1の「出品手続きは超かんたん！」を参照

## パンフレット／ファンクラブ限定商品

一般に流通していないものは、プレミアがつきやすいので狙い目です。詳しくはあとで説明しますが、Amazonでもともと取扱いのない商品は、登録するのに少し手間がかかります。そのため、手間を避けてほかのサイトで販売する人が多いのです。実際に、ヤフオク！やメルカリで安く売られているものが、Amazonでは高値で取引されることはよくあります。

10周年記念品パスケース ★ NEWS 2013 FC会員限定配布（非売品）

| 商品 | ファンクラブ限定商品 |
|---|---|
| 仕入れ価格（ヤフオク！） | 890円（税込） |
| 販売価格（Amazon、新品の最安値） | 4890円（税込） |
| 粗利益額 | 4000円 |

Canon 標準ズームレンズ EF24-105mm F4L IS USM フルサイズ対応 白箱

| 商品 | カメラレンズ |
|---|---|
| 仕入れ価格（カメラ専門オンラインショップ） | 60480円（税込） |
| 販売価格（Amazon、新品の最安値） | 93000円（税込） |
| 粗利益額 | 32520円 |

たとえばコンサートや映画のパンフレットは、基本的に劇場で販売するだけなので、どこでも手に入るわけではありません。もちろん、Amazonが最初から取扱いしていることもありません(もちろん、同じ考えの人が売り始めることはあります)。

また、ファンクラブの会報や、会員限定グッズもおもしろい商材です。Amazonに商品を登録する手間はかかりますが、ライバルが少ないので利益を取りやすくなります。

## 中古カメラ

商品あたりの単価が高く、大きく稼ぎやすいのがカメラの市場です。国内の中古カメラ店は、中国人や韓国人のバイヤーも並ぶほどの人気です。販売先も、日本のAmazon(.co.jp)だけでなく、米国のAmazon(.com)での需要も高く、流行に左右されない安定した商材です。また、カメラ本体のほかにも、周辺機器やレンズも売れます。

下記のオンラインショップで仕入れできますが、ヤフオク!やメルカリ、実店舗でも調達可能です。リスクとしては、オンラインだと商品の状態が詳しくわからないことです。特に、ヤフオク!やメルカリで仕入れする場合は、出品者の評価もよく確認したほうがよいでしょう。

### 中古カメラを入手できるオンラインショップの例

| ショップ名 | URL |
|---|---|
| 三宝カメラ | http://www.sanpou.ne.jp/ |
| フジヤカメラ | http://www.fujiya-camera.co.jp/ |
| カメラのキタムラ | http://shop.kitamura.jp/ |
| マップカメラオンライン | https://www.mapcamera.com/ |

# Interview

## スーパーセラーに聞く！初心者でもできる成功のコツ

Amazonでバリバリ稼いでいる先輩たちを直撃インタビュー！

沖縄で憧れの生活を実現させた人、会社勤めや子育てと両立させている人など、4人の成功例を紹介します。

あなたも仲間入りできるかも！？

- 野村広大
- レビン
- ロバート
- 金城祐子

# 開始初月で売上170万円！沖縄で悠々自適の転売生活

## 野村広大さん

Profile_Kodai Nomura

佐賀県生まれ、福岡育ち。憧れの沖縄に子供3人を引き連れて移住。インターネットビジネス8カ月目にして月収200万円を達成し、その後始めたAmazon転売では初月で月商170万円越え。現在は、物販を通して就労支援NPOの業務サポートなどを行う。

**Q　Amazonではどんな商品を販売していますか？**

A　取引のあるメーカーさんのサプリメントや食品、洗剤などをメインに扱っています。新規も開拓中で、メーカーから新商品の販売依頼を受けることもあります。ほかにも、家電やゲームなどのメディア関連、海外輸入製品、OEM商品を販売中です。

**Q　なぜ、Amazon販売をはじめたのですか？**

A　1つの理由は、「安く仕入れて高く売る」という、数あるビジネスの中でも最もシンプルで、結果を出しやすいものだと思ったからです。すでにメーカーと協力して、商品開発や販売に携わっていたのですが、自分自身が販売のノウハウや一連の流れを知る必要があった、という事情もあります。市場を知ることで、商品ニーズを知り、今後に活かして行くためでもありました。

過去にはアフィリエイトなど様々なネットビジネスに取り組んできましたが、Amazon販売を経験したおかげで、「商品を売る」という商売の基本となるスキルがしっかり身についたと思います。

**Q　月5万円を達成するまでにかかった期間を教えてください**

A　Amazon販売を始めた最初の月には月商170万円でしたので、1回目の入金[*1]で達成することができました。

＊1：Amazonの入金は月に2回ある

**Q　Amazon販売で一番大切なことは何だと思いますか？**

A　どのビジネスでも言えることで

しょうが、すでに結果を出している先達に学ぶのが大切だと思います。「型がある型破り」という言葉がありますが、まずはAmazon販売の基本の型を覚えることです。うまくいかない人ほど我流でやりたがります。あとは、数字に強くなることはもちろん、リサーチ力を磨くことで売れている商品が瞬時にわかるようになります。一度リサーチ力が身につけば、商品がいつどのタイミングで売れて行き、どれぐらいの利益が出るかなどが千里眼のごとくわかるようになります。

**Q　Amazon販売で初めてぶつかった壁は何ですか？**

A　Amazon側がすでに販売している商材と競合してしまったことがあります。その結果、価格競争に陥り、思っていた以上に薄利になったため、撤退を余儀なくされました。これは完全に僕の読みとリサーチ不足でした。でも、何事も経験です。

**Q　売上を伸ばすマル秘テクニックを1つだけ教えてください**

A　最もシンプルで簡単に売上を伸ばすテクニックのひとつは、高回転(販売後すぐに売れる)で、かつ高単価の商品を扱うことです。特に、ほかに誰も扱っていないニッチな商品で売れるものを見つけ、売り続けていくのがコツですね。高回転、高単価の商品の出荷サイクルを上げていくことで、売上は右肩上がりに伸びていきます。それがニッチ商品なら、競合しにくいので売上も安定します。いまAmazonで販売されていない商品をいち早く扱うのも、一つの方法でしょう。

**Q　これからAmazon販売を始める人にアドバイスをお願いします**

A　僕がAmazon販売を始めるにあたり、小笠原さん(本書の著者)の『Amazon出品サービス達人養成講座』が大変参考になりました。初月で月商170万円という結果を出すことができたのも、実はこの本のおかげです。初心者のうちは、わからないことや疑問点が出てくると思います。Amazon販売の手引書であり、必須のバイブルなので読んでみてください！

あとは冒頭で話したように、すでに結果を出している人に型を学ぶことです。Amazon販売はシンプルなしくみであり、未経験者でも参入障壁が極めて低く、簡単・気軽に取り組めます。すぐに結果を出せることもあります。ぜひトライしてください！

# 会社を辞め、Amazonでの輸入販売で年商3000万円！

## レビンさん

Profile_Levin

自分で稼いで生活しようと一念発起し、会社を退職。
2015年7月よりAmazon輸入ビジネスを始める。
いまも輸入ビジネスプレイヤーとして日々奮闘中。

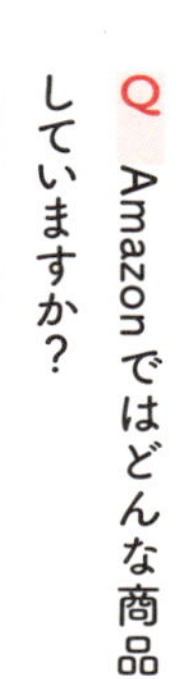

**Q Amazonではどんな商品を販売していますか？**

**A** 輸入販売をしています。米国と欧州のAmazonや、ebay[*2]から商品を仕入れて、日本のAmazonで販売しています。

*2：ebay(イーベイ)は、米国の大手ショッピングサイト

**Q なぜ、Amazon販売をはじめたのですか？**

**A** Amazonの圧倒的な販売力を使えば、最短で結果を出せるからです。ほかの方法で結果を出すには、手間も時間もお金もかかります。Amazon販売では、自分が想定している以上に商品が売れます。実際に、お店の評価がゼロでも商品は売れていきました。[*3] Amazonは自社の販売システムに膨大なお金を投資しています。その豪華なシステムをわずかな金額で利用できるのは、とても大きなメリットです。

会社を辞め、Amazon販売を始めて1年半が経過しましたが、本当によかったと思えるのは、時間的な余裕がすごく増えたことです。自分のタイミングで働いて、休んで、新しいことにチャレンジして……。ビジネスとプライベートの両方とも、最高に充実しています。

*3：出品者(ストア)の評価については、Chapter4「お客様対応は大切にしよう」などで解説しています

**Q 月5万円を達成するまでにかかった期間を教えてください。**

**A** 1カ月目は、主に必要な情報をインプットしながら試行錯誤していました。2カ月目は売上が30万円に到達するも利益は2万円未満、3カ月目でようやく5万円以上の利益を

得られました。4カ月目からはさらに結果が出てきて利益が20万円になり、6カ月目で50万円超えを達成しました。

**Q　Amazon販売で一番大切なことは何だと思いますか？**

**A**　商品数を増やすことです。出品する商品が増加するのと比例して、売上もアップします。10よりも100、200と、商品を増やすことによって売上が安定していきます。Amazonの商品登録作業はとても簡単で、さらにFBA[*4]という配送サービスを利用することで、発送業務をAmazonに委託できます。自分で作業する手間が少ないので、そのぶん仕入れに注力することができます。

*4：FBAについては、Chapter4の「FBAを活用しよう」などで解説しています

**Q　Amazon販売で初めてぶつかった壁は何ですか？**

**A**　売上を0円から5万円にするまでが、いちばん大変でした。初めのうちは商品仕入れの判断が未熟なところもあり、赤字商品が多かったです。「自分には向いてないかも？」と弱気になりましたが、失敗や成功を繰り返すことで壁を乗り越えてきました。

**Q　売上を伸ばすマル秘テクニックを1つだけ教えてください**

**A**　輸入の話で言えば、仕入れ交渉です。人気の商品を扱っている海外のメーカーやショップに「たくさん買うから安くしてください」などと連絡して、ディスカウントしてもらいます。それから、プレミア商品を狙うのもアリです。そのためには、Amazonで品切れになっている商品をebayなどで探します。2倍の金額で売れる商品があったりと、なかなかおもしろいです。

**Q　これからAmazon販売を始める人にアドバイスをお願いします**

**A**　Amazon販売は、最小限の手間で商売が可能です。在庫と配送を委託すれば、パソコン1台だけでどこでも、いつでも作業ができます。副業にしたい人や主婦にはピッタリだと思います。もちろん、私のように独立して稼ぎたい人にもおすすめです。繰り返しになりますが、0円の状態から5万円を稼ぐまでがとても難しいです。でも、そこに到達できれば、5万円→10万円→20万円にするのは、比較的簡単にステップアップできるはずです。

# Amazon副業で安定収入を稼ぎ続けるサラリーマン！

## ロバートさん

Profile_Robert

大阪府出身、37歳。会社勤めをしながら、副業でAmazon販売を行う。
趣味はネットサーフィンと、洋楽を聴くこと。英語が得意。

**Q　Amazonではどんな商品を販売していますか？**

A　洋書、ゲームソフト、CD、DVD、時計など、現在は200点近くを販売しています。すべて輸入品です。

**Q　月5万円を達成するまでにかかった期間を教えてください**

A　4カ月目で月商約30万円、月利5万円を達成しました。

**Q　Amazon販売で一番大切なことは何だと思いますか？**

A　リサーチがすべてだと思います。利益が取れるかどうかだけではなく、仕入れてから売れるまでの期間の目安、同業者の数、値下がりのリスクなど、事前の確認は怠らないようにしています。

**Q　Amazon販売で初めてぶつかった壁は何ですか？**

A　出品許可の申請が必要な商品があるとは知らず、仕入れたあとで気づいたことがあります。

**Q　売上を伸ばすマル秘テクニックを1つだけ教えてください**

A　リサーチのツールを導入することです。無料ツールがインターネット上にたくさんあるので、自分に合ったものを探していくといいと思います。

**Q　これからAmazon販売を始める人にアドバイスをお願いします**

A　最初は結果が出なくても、あきらめずに続けることが大事です。モチベーションを維持して続けるためにも、仲間の存在が必要不可欠だと思います。

# 育児をしながら稼ぐ、スーパーママ！

Interview 4

## 金城祐子さん

Profile_Yuko Kinjo

沖縄在住、２児のママ。２人目の育休中に経済的な不自由を感じる。復帰後も仕事と育児の両立に疲れ果て、2015年３月に退職。自宅にいながら自分のペースで仕事ができて、経済力もつけられるAmazon販売をスタート。現在はプチ起業し、同じ境遇のママたちを応援中。

**Q　Amazonではどんな商品を販売していますか？**

A　ファッション小物を中心に扱っています。

**Q　月5万円を達成するまでにかかった期間を教えてください**

A　約1カ月です。

**Q　Amazon販売で一番大切なことは何だと思いますか？**

A　利益計算や、需要のある商品を見つけること、期待に応える品質……などたくさんありますが、1番は顔の見えないネットでの販売だからこそ、常に購入者の気持ちを忘れないことだと思います。

**Q　Amazon販売で初めてぶつかった壁は何ですか？**

A　FBA倉庫を利用していますが、発送前に自宅で検品したときは問題なかったのに、倉庫へ発送してお客様の手元に届くまでに商品が破損。商品の梱包方法が甘く、お客様の期待に応えられませんでした。

**Q　売上を伸ばすマル秘テクニックを1つだけ教えてください。**

A　キレイでわかりやすい商品ページを作ることです。

**Q　これからAmazon販売を始める人にアドバイスをお願いします**

A　やると決めたら、あきらめずにやり続けましょう。

START!

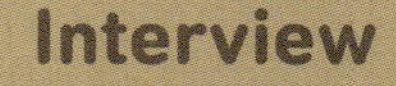

## Chapter 3

### 商品を増やそう！

Amazon販売のポイントは、やっぱり商品の仕入れ。「せどり」のコツも教えます。

P.67

## Chapter 4

### 売上アップのポイント

販売に慣れてきたら、売上を伸ばしていきましょう。経験豊富な著者がノウハウを伝授！

P.85

## Chapter 5

### データを分析しよう

収入を安定させるためには、データチェックは不可欠です。月5万円が見えてきた？

P.107

## Chapter 6

### Amazon販売のトラブル対処法

配送ミスやキャンセルはつきもの。お客様も自分も損をしない対処法を学びましょう。

P.125

## Chapter 7

### もっと稼ぎたい人のために

月5万円じゃ物足りない！ そんな人のために、継続して高収入を得るヒントを少しだけ解説。

P.137

SUCCESS!

副収入のおかげで、毎月ちょっと贅沢できる♪

「気になること」から探せるもくじ

## Amazonのしくみやツールを知りたい



## 仕入れのコツを知りたい



## お客さんを集めたい



## +αのテクニックで競争力を高めたい

## Introduction

# Amazon販売ってなにするの?

- なんでAmazonで稼げるの?
- Amazon出品サービスのしくみ
- Amazon販売は楽チン!
- 「せどり」ってなに?
- Amazonとヤフオク!の違い
- 初期費用はほとんどかからない

# なんでAmazonで稼げるの？

Amazonで稼いでいる人はたくさんいます。それはなぜでしょう？

## Amazonが人気なワケ

Amazonは、オンライン通販で不動の人気を誇っています。日本国内の通販サイトでは、最も高い利用率であるとの調査結果もあります。

Amazonでなぜ稼げるのかを語る前に、まずはユーザーからの人気を集める理由を探ってみましょう。

ここでは、特筆すべき3つの特長をピックアップします（図1）。

### ●配送スピードが速い

まず1つ目は、配送スピードの速さです。Amazonでは「フルフィルメントセンター」という年中無休、24時間体制の倉庫および配送センターで商品を管理し、出荷しています。Amazonに在庫があれば、即日あるいは翌日に届く場合がほとんどです。祝日でも深夜でも関係なく、必要なときに注文して、すぐ欲しいものを受け取れるというのは、とても便利です。

### ●安全に買い物できる

安全にショッピングできるのも強みです。Amazonは、出品者と購入者の仲介に入る「エスクロー（第三者預託）」の役割を担っています。受け取った商品に不具合があった場合は、全額返金もしくは交換を要求できます。

消費者が安心してショッピングを楽しめる環境が保たれているのは、出品者と購入者が支払いや連絡などを直接行わず、Amazonが間をつなぐしくみがあるからに、ほかなりません。

### ●実用的な「おすすめ機能」

3つ目はレコメンデーション機能です。Amazonは、購入履歴や閲覧履歴を分析して、顧客の趣味や嗜好に合ったものを予測し、推奨しています。Amazon内の「マイストア」では、過去の記録から、カテゴリーごとのおすすめ商品を閲覧できます。

このような実用的なレコメンド機能は、Amazonの販売を拡大するだけでなく、消費者にとっての利便性にも優れたシステムといえるでしょう。

## 「Amazonで稼ぐ」とは

Amazonで販売されている商品は、Amazon小売部門が仕入れて販売をしている商品と、「Amazon出品(出店)サービス」に登録した出品者が販売を行っている商品が混在しています。

購入者側からすれば、画面では一緒に並ぶので混同しやすいですが、販売後の責任の所在がAmazonにあるか、出品者にあるかの違いがあります。出品者による販売の場合は、Amazonの流通網を利用して販売するだけでなく、購入者への直送販売も可能です。

つまり「Amazonで稼ぐ」とは、出品サービスを利用して商品を販売することで、売上を得ることです。前述のようなAmazonの強みを自分の販売に生かすことができるので、大きな利益を得られる可能性があるのです。

図1

# Amazon出品サービスのしくみ

Amazonで販売をはじめるには、「出品サービス」に登録します。

## 2種類の登録方法

### 大口出品と小口出品

Amazon出品サービスには、「大口出品サービス」と「小口出品サービス」の2種類があります。まず、この2つのサービスの違いについて解説します。

### 登録料か成約料か

大きな違いは、月額登録料です。大口出品サービスでは月額4900円（税抜）かかります。一方、小口出品サービスは、注文成約時に商品1点ごとに基本成約料が100円かかるしくみです。つまり、1カ月あたりで49個以上の販売数がある場合は、大口出品サービスのほうがお得になります（図2）。

### その他の違い

ほかにも、出品できるカテゴリーや、Amazonが提供する販促ツールを利用できるかどうか、購入者の決済方法、商品ページでの表示権限にも差がつけられています。いずれも、大口出品のほうが優遇されます。

日常生活でいらなくなった不用品を整理する程度であれば、小口出品サービスでもよいですが、ある程度のお金を稼ぐことを前提で始めるのであれば、大口出品サービスでの登録がおすすめです。

## 販売手数料

登録料や成約料とは別に、商品が1つ売れるごとにAmazonの各カテゴリーに定められた販売手数料が発生します。これらの料金はその都度に徴収されるわけではなく、締日までの間に売上があれば、その中で相殺されます。決済される金額よりもAmazonの請求のほうが上回っていたら、登録したクレジットカードから不足分が引き落とされます。

販売手数料の計算はAmazonがしてくれるので、出品者側で覚える必要はありません。しかし、販売した商品の利益がいくらなのか詳しく計算したいという場合は、Amazon

が公表しているカテゴリーごとの手数料率を確認するとよいでしょう。

## Amazonの規約について

Amazonマーケットプレイスには参加規約があります。Amazon出品サービスに登録した時点で同意したものとみなされるので、事前によく確認しておきましょう。

ガイドラインや規約に違反した出品者に対しては、Amazonは厳しく対処します。出品者にはいくつかの基準があり、一定水準を保持しなければ、アカウント停止や閉鎖などの措置が取られる可能性があります。

見方を変えると、このように出品者に対して厳格なルールを設けることで、購入者が安心してショッピングを楽しめる環境を維持しているといえます。

図2

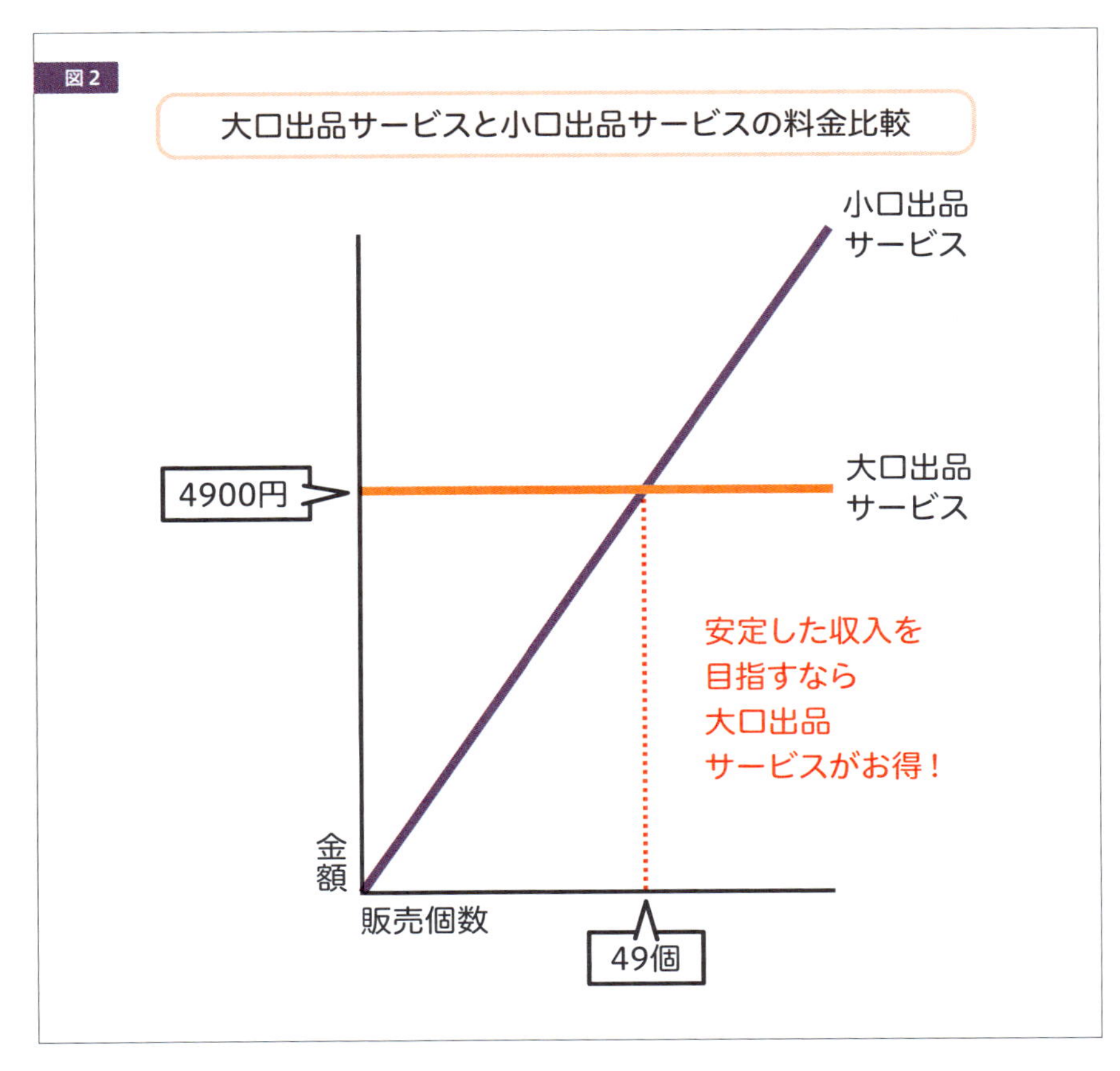

# Amazon販売は楽チン！

## 1つの画面ですべての作業ができる

出品サービスに登録すると、「Amazonセラーセントラル」という管理画面にログインして操作できるようになります。

セラーセントラルとは、商品登録、在庫管理、価格決定、プロモーション、売上管理、売上分析などができる画面で、ここで販売に関するすべてのことを行います（図3）。まさに中枢です。

また、Amazonでは顧客からの問い合わせに対して24時間以内の回答を推奨しているので、顧客満足指数を高く保つためには、毎日セラーセントラルにログインして、問い合わせが来ていないかをチェックする必要があります。

セラーセントラルでは配送に必要な情報のみが開示され、購入者のメールアドレスなどは公開されません。不要なセールスレターを受け取らなくて済むのも、利用者に人気の理由の1つです。

セラーセントラルの詳しい使い方については、それぞれの作業内容にあわせて、そのつど解説していきます。

## 自動決済でラクラク

### ●Amazonペイメント

Amazonで売り上げた商品の支払いは、各種経費（販売手数料や基本料金のほか、場合によってシステム利用料、購入者への返金など）を相殺した残りが14日周期で指定した銀行口座に振り込まれます。これらを管理するシステムとして提供されるのが、「Amazonペイメント」です。

### ●金銭トラブルに巻き込まれにくい

受注した段階では決済にならず、出品者が商品を発送し、Amazonのシステム上で「出荷通知」を送信した段階で決済が確定となります。

このように、Amazonは出品者と購入者の取引の仲介に入り、一時的に出品者の売上を預かることによって、「受注後に商品が届かない」「送品したのに代金が支払われない」などのトラブルから双方を守る役割もしています。

万が一、販売した商品に不具合があり、返金対応などになった場合もAmazonが売上金から自動的に対処してくれるので、出品者は手間がかかりません。

## ●売ることだけ考えればいい

取引の簡単さと安全さに加えて、Amazonペイメントでは売上も管理してくれます。実際の売価やAmazonの手数料、返金、割引額などのデータを確認できるので、いちいち計算したり記録を残したりする手間が省けて、管理がとても楽チンです。

つまり、出品者は「販売することだけに集中できる」というところも、Amazon出品サービスの大きなメリットといえるでしょう。

図3

Amazonセラーセントラルでできること

商品登録

在庫管理

価格決定

プロモーション

| 商品名 | 価格 |
|---|---|
| A | 100 |
| B | 200 |
| C | 300 |
| D | 400 |

売上管理

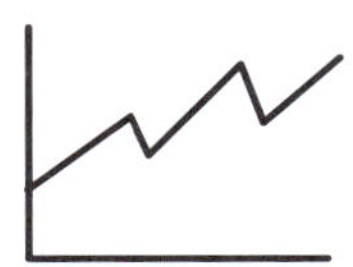
売上分析

# 「せどり」ってなに？

いろいろな仕入れ方法がありますが、初心者が稼ぐには「せどり」がおすすめ。

## 注目を集める「せどり」

インターネットを使った転売ビジネスである「せどり」という言葉を聞いたことがある人は少なくないと思います。最近では、せどりに関するビジネス書が出版されたり、雑誌の副業特集で紹介されたりするなど、認知度が広がっています。

せどりとは、もともとは業者間の「競り」が語源の言葉らしく、漢字で書くと「競取り」となるようです。字を見ると大体のイメージがつかめるかもしれませんが、一般的には**安く仕入れをして、利益を乗せた価格で転売して利ざやを稼ぐ**ことを指します。Amazonでの販売も、商品を安く仕入れて、利益を乗せて第三者に販売したら、せどりをしたということになります。

## Amazon販売での主な仕入れ方法

しかし、Amazonで販売する方法は、せどりだけではありません。というのも、商品を仕入れるパターンはいくつかに分類できるからです。代表的なものに、次の5つがあります（表1）。

①せどり
②問屋仕入れ
③輸入
④自社製造
⑤ハンドメイド

## せどりは成果が出やすい

**手っ取り早く月に数万円の収入を得たいのであれば、圧倒的にせどり**が向いています（もっと大きく稼ぐこともできます）。作業した時間や仕入量によって成果が変わってくるので、手間や資金をかけただけ、収入を増やせます。

せどりは問屋仕入れや自社製造のように大量の在庫を抱える必要がなく、自己資金に見合った仕入量から無理なくスタートできるのがメリットであり、転売をする多くの人たちが取り入れています。

また、ひと昔前はせどりといえば、本の転売のことを指していましたが、時代の流れとともにさまざまなジャンルの商品で行われるようになってきました。たとえば、CD、DVD、ゲーム、おもちゃ、家電、コレクターグッズなどがせどりの対象となっています。せどりをビジネスとして行う人は「せどらー」とも呼ばれます。

## 「店舗仕入れ」と「電脳仕入れ」

せどりは大きく分類すると、店舗に直接出向いて仕入れを行う「店舗仕入れ」と、インターネットを利用する「電脳仕入れ」の2種類に分けられます。自身の環境や、かけられる時間により、どのような手段が向いているかを判断して仕入れ方法を選択しましょう。

表1

| 仕入れ方法 | 概要 |
| --- | --- |
| せどり | 仕入れ値に利益を乗せて販売する（転売） |
| 問屋仕入れ | 同じ商品を大量に卸値で仕入れ、定価に近い金額で販売する |
| 輸入 | アジアの安い商品や、欧米のブランド品などを仕入れて販売する |
| 自社製造 | 自社で商品を開発、製造して販売する |
| ハンドメイド | 個人のスキルを生かして手芸品などを制作し、販売する |

### Column 古物商許可の取得を忘れずに

気をつけなければいけないのが、ビジネスとして中古商品を仕入れて販売する場合、法律上では「古物競りあっせん業」になるので、古物商許可が必要になることです。

もし無許可営業をしてしまうと、3年以下の懲役または100万円以下の罰金が科せられます。法律は知らなかったでは済まないので、古物商許可を取るつもりがないなら中古商品に手を出すべきではありません。

古物商許可の申請は、所在地を管轄する警察署の防犯係で手続きできます。手数料は1万9000円で、申請から許可の取得までおよそ40～60日程度かかります。中古商品の仕入れも検討しているのであれば、忘れずに取得しておきましょう。

# Amazonとヤフオク!の違い

ヤフオク!も個人に人気のネットビジネスです。何が違うでしょうか？

## 販売形式

Amazonは売り手と買い手が取引できる「マーケットプレイス」という、インターネット上の売り場を提供するスタンスを取っており、商品の出品期間に制限はありません。販売価格は出品者が任意の価格で設定して、取引を行うのが通例です。

一方、ヤフオク!はオークション（競売）形式での取引になります。買い手が商品価値を判断して入札を行い、出品者は期限までに一番よい購入条件を提示した買い手と、売買取引を行います。もし、出品者が決定した期限までに落札者が現れない場合は、出品が取り下げられます。販売価格が買い手の評価にゆだねられるのがオークションの特徴です。

## 出品作業

Amazonの商品ページは1つの商品に対して1つしかありません。つまり、すでにAmazonで販売されている商品と同一の商品を出品する場合は、同じページで複数の出品者と一緒に並ぶ形になります。

すでにAmazonに取扱いがある商品であれば、ゼロから商品ページを作成する必要がなく、出品の手間がかからないのもAmazon販売のメリットの1つです。反面、同一の商品ページで複数の出品者が販売することで、値下げ合戦が起こりやすいというデメリットもあります。

ヤフオク!の場合は、出品ごとに1つの商品ページを作成するので、同じ商品がすでに出品されていたとしても気にする必要はありません。

ただし、出品のたびにページを作

## Amazonとヤフオク!

個人が販売者として参加できる、インターネット通販サイトとして有名なものに、ヤフオク!があります。では、Amazonとヤフオク!の販売では、どのような違いがあるのか、それぞれの特徴を比較してみましょう（図4、図5）。

図4

## Amazonとヤフオク！の違い（販売形式と出品作業）

| | Amazon | ヤフオク！ |
|---|---|---|
| 販売形式 | ¥3980<br>価格は出品者が決める | 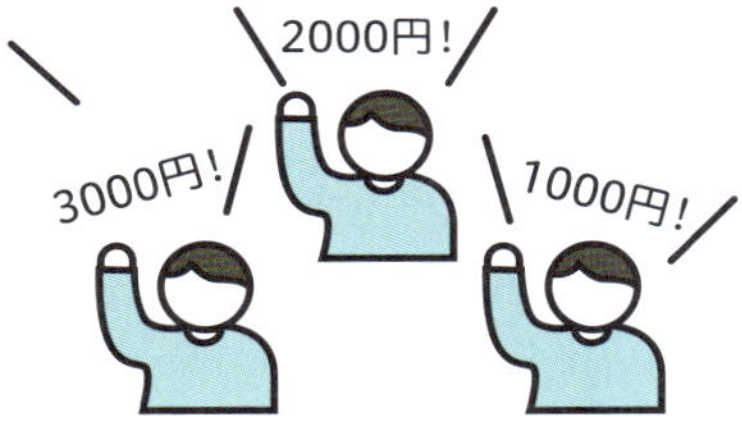 2000円！<br>3000円！<br>1000円！<br>価格は購入者が決める |
| 出品作業 |  出品者A<br>出品者B<br>出品者C<br>⋮<br>同じ商品ページに<br>複数の出品者が並ぶ | 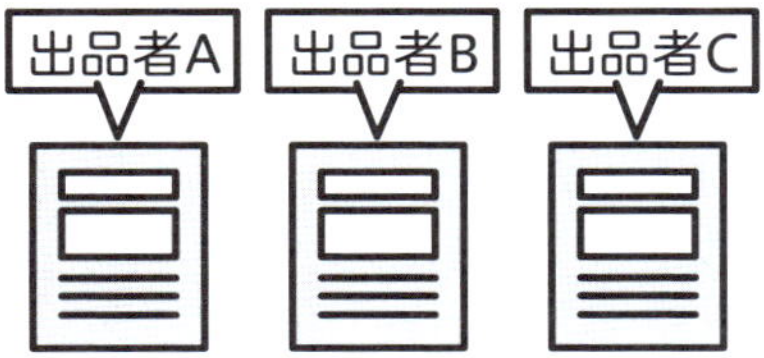 出品者A<br>出品者B<br>出品者C<br>同じ商品でも<br>出品者ごとに登録する |

成する必要があるため、出品作業に多少の手間がかかります。

## ペイメント(支払い)

前述のとおり、Amazonでの販売の場合、売上金の回収はすべてAmazonが代行しています。このしくみにより、「販売したのに代金が支払われない」、「代金を支払ったのに商品が届かない」といったトラブルを未然に防いでいます。また、返品にともなう購入者への返金対応まで代行してくれます。

ヤフオク!の場合は、出品者が落札者(購入者)と直接連絡を取って、売上金の回収や返品・返金の対応をしなければなりません。したがって、ヤフオク!で最もトラブルが起こりやすいのがペイメント(支払い)の部分になります。ただし、取引が確定したら、第三者を介さずに落札者から売上金を受け取れるので、資金繰りで考えると有利といえる部分もあります。

## 発送方法

Amazonの場合、大きく分けて2つ、商品を発送する方法があります。1つは、出品者がみずから商品の梱包・発送を行う方法です。

もう1つは、Amazonが商品の保管・受注・出荷・配送・返品を代行する「フルフィルメント by Amazon」(FBA)というサービスを利用する方法です。FBAを利用することで、出品者は出荷作業に追われることがありません。さらに、「この商品はAmazon.co.jpが販売・発送します」と表示されるので、購入者は配送時間や梱包のクオリティを心配せずショッピングできます。

ヤフオク!でも、出品者が自分で出荷作業を行うほか、提携サービスを利用して、代行してもらうことが可能です。しかし、Amazonのように商品ページで購入者に対して出荷元が開示されるわけではないので、購入者の安心感というよりも、出品者の利便性を追求したサービスの意味合いが強く感じられます。

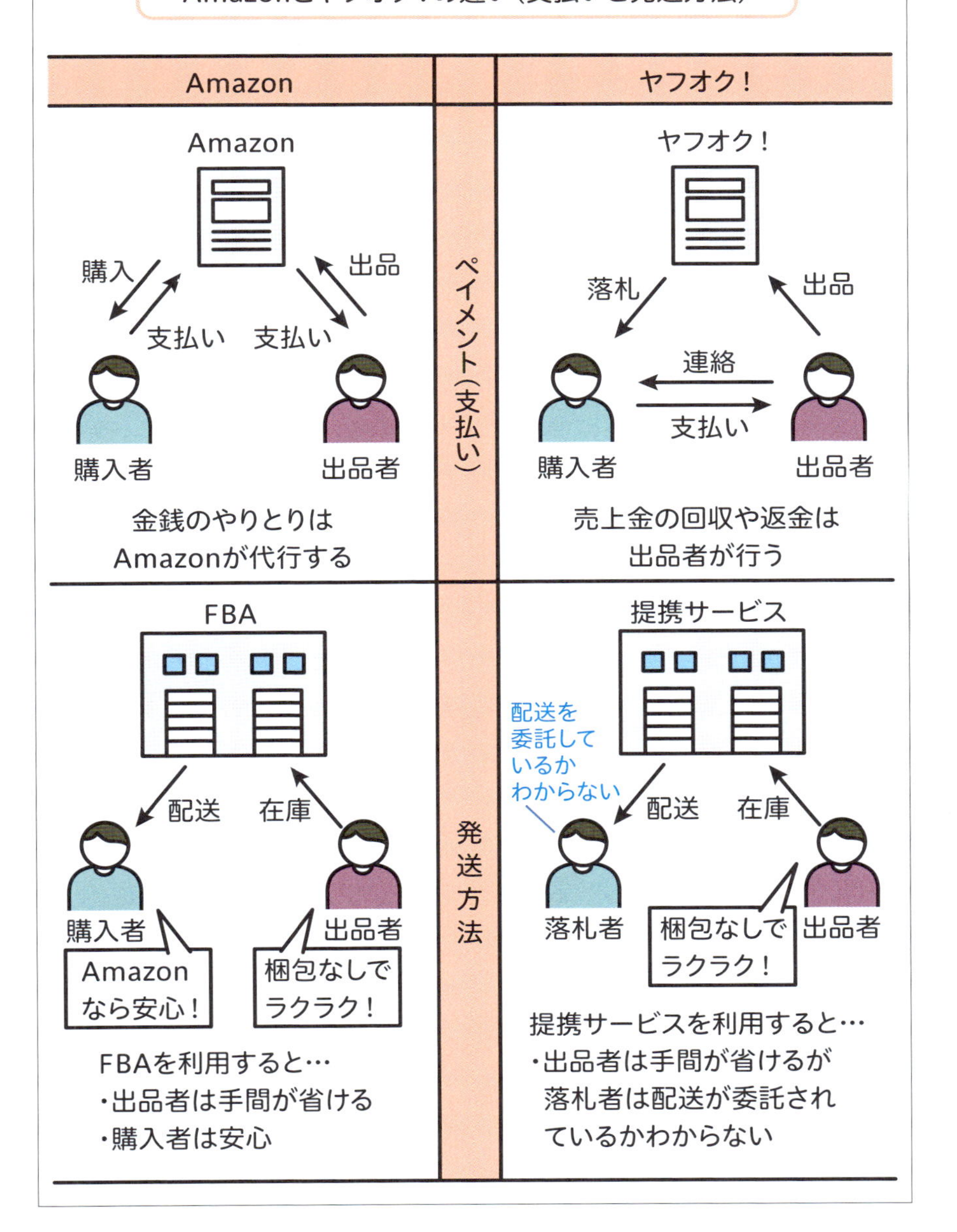
図5
Amazonとヤフオク！の違い（支払いと発送方法）
Amazon
ヤフオク！
ペイメント（支払い）
Amazon
購入
支払い
支払い
出品
購入者
出品者
金銭のやりとりは
Amazonが代行する
ヤフオク！
落札
出品
連絡
支払い
購入者
出品者
売上金の回収や返金は
出品者が行う
発送方法
FBA
配送
在庫
購入者
出品者
Amazon
なら安心！
梱包なしで
ラクラク！
FBAを利用すると…
・出品者は手間が省ける
・購入者は安心
提携サービス
配送を
委託して
いるか
わからない
配送
在庫
落札者
出品者
梱包なしで
ラクラク！
提携サービスを利用すると…
・出品者は手間が省けるが
落札者は配送が委託され
ているかわからない

# 初期費用はほとんどかからない

類似サービスより格安なのは、大きな魅力！

## 他サイトと比べて初期費用が安い

### ●楽天の場合

多くの場合、集客力のあるWebのショッピングモールに出店するとなると、ある程度まとまった額の費用が必要になります。たとえばAmazonに規模や形態が近い楽天市場に出店をする場合には、一番安い「がんばれ！プラン」が月額1万9500円（税別）で、年間にして23万4000円（税別）。さらに初期登録費用として6万円（税別）が必要になります（2016年9月時点）。

それでも一定の売上が見込めるのであれば必要経費といえますが、初心者がおこづかい稼ぎのために気軽に払えるような金額ではありません。

### ●Amazonの場合

先に挙げたように、Amazonの大口出品サービスは月額登録料が4900円（税別）で、別途必要な初期費用などはありません。

小口出品サービスであれば、月額登録料は発生せず、売買が成約したときに手数料を払えばよいというシステムです。**定額料金がないので、売るものがないときも無理する必要がない**のが、小口出品サービスのメリットです（ただし、商品数や利用できる機能などに制限があるので、本書では大口出品サービスへの登録をすすめます）。

## 低リスクなのに集客効果大

このように、出店時に大きな初期費用がいらないので、資金が潤沢でなくても簡単に始めることができます。また、出店料を年額でまとめて払う必要もないため、仮にAmazon販売を中止しなければならなくなったとしても、損を被ることはほとんどありません。

出店に関しては**ローリスクでありながら、大きな集客力を持つサイトに出店できる**のは大きな魅力です。副業としてAmazonが人気を集める理由の1つといえるでしょう。

## Chapter 1

# Amazon販売をはじめよう

- 月5万円稼ぐには
- 出品に必要なもの
- 出品者登録をしよう
- アカウント情報を設定しよう
- 出品手続きは超かんたん!
- 商品コンディションの書き方のコツ
- Amazonに出品してはいけないもの

# 月5万円稼ぐには

出品をはじめる前に、
ちょっと現実的な話をして
おきます。

## 達成までのプロセスを設計する

出品開始の前に、目標までの道のりを現実的に考えてみましょう。「1カ月で5万円の利益を得る」という目標を立てたとき、**達成するためのプロセスを設計することが大事**です。

といっても、難しい話ではありません。たとえば、**利益率**が売上の20％と仮定した場合、1カ月で5万円の利益を稼ぐためには、25万円の売上を作ればよいという計算になります。

また、販売する商品の**平均単価**を仮に5000円とすると、1カ月に25万円の売上を作るには50個の商品を販売することになり、1日平均で約1.7個の商品を売れば、目標を達成できます。

どうでしょうか？ このように数字を逆算して考えると、目標に到達するまでの具体的な道筋が見えてきませんか？

ぼんやりと、あいまいな目標を眺めるよりは、月ごと、日ごとに達成すべきノルマを明確にすることで、やるべきことや足りていないことが見えてきます。もっと高い目標にしても、この計算方法は一緒です。

**利益** ＝ 売上 × 利益率
**目標販売数** ＝ 売上 ÷ 平均単価

## 目標までのステップは具体的に

1つ1つの数字を達成するために、やるべきことは何かを考えて行動することで、目標到達をより現実的なものにすることができます。

先の例で考えると、1カ月に50個の販売数が必要なので、最低限50個は**在庫**を持っていないと、目標には届かないという計算もできます。販売を始めてからは、商品の何％が1カ月以内に売れるのかを把握できると、もっと現実的な在庫数を決めることができます。

たとえば、出品商品のうち1カ月以内に売れる商品が50％（この率を在庫稼働率といいます）とすると、50個売るには100個の在庫が必要です。

## 安定した仕入れを目指す

### 高単価商品は安定しない

物販で安定した利益を得るためには、やはり安定した仕入れ先や仕入れ方法を見つけることがポイントになります。

月に5万円稼ぐ方法も、どんな商品を扱うのかによってスケールが変わってきます。たとえば、高級ブランド品やプレミア価格のコレクター商品など、高単価なものを扱えば、1、2個販売しただけで目標を達成できるかもしれません。

ただし、高単価商品の場合は仕入れ値も高くなりがちで、安定的に利ざやが出るものを仕入れられるとは限りません。インターネット通販でポンポン売れるようなものでもないので、あまりおすすめしません。

### 単価は数千円以内がおすすめ

某マーケティングリサーチ会社が2015年に行った調査では、インターネットショッピングの平均単価は1万1800円程度なので、販売する商品の単価はそれ以下のものを扱うのが望ましいでしょう。

コンスタントに売るということを考えるのであれば、数千円程度のものにすると、購入者目線では買いやすいと思います。

また仕入れ方法は、せどり、問屋仕入れ、輸入など、さまざまな方法がありますが、それに費やす作業の手間や時間などを考えると、初めのうちはいずれか1つの方法に絞るとよいでしょう。

## 売上を予測する

### 原価の計算

たとえば、販売する商品の単価が5000円で、利益率が20％、Amazonの手数料や諸経費が15％だったとしましょう。すると、次のような計算が成り立ちます。

5000円 − 1000円 − 750円
（商品単価）（利益率）（手数料や経費）
＝ **3250円（原価）**

このように、商品の仕入れ値（原価）は3250円以内にすべき、ということになります。

利益が1個あたり1000円なので、目標の利益5万円を稼ぐためには、50個売らなくてはいけません。仮に、出品商品のうち1カ月以内の在庫稼働率が50%とすると、100個の在庫が必要なので、32万5000円分の仕入れ資金が必要という計算になります。

## 仕入れ資金から売上を算出する

反対に、仕入れ資金から売上を予測する式は次のとおりです。

仕入れ資金×在庫稼働率(%)
×(予測平均単価÷仕入れ単価)
＝**売上**

仕入れ資金が20万円の場合を考えてみます。在庫稼働率が50%、予測平均単価が5000円、仕入れ単価を3250円として計算してみます。

200000円×50%
×(5000円÷3250円)
＝**153846円**

1カ月あたりの予測売上は15万3846円、予測販売個数は約31個になります。ちなみに、予測利益は次のように3万769円になります。

153846円 (売上) ×20% (利益率)
＝**30769円**

少しお堅い話をしましたが、初めのうちにこのくらい具体的にイメージしておくと、しっかり稼げるセラーになれます(図1)。

Amazon販売の計算は難しくないけど、ちゃんとやっておかないと利益は出ないよ!

図1

**❶達成までのプロセスを設定する**

・利益率や平均単価はいくらか？
・目標の利益を得るにはいくつ売ればよいか？

**❷目標までのステップを考える**

・目標の販売数を達成するには在庫はいくつ必要か？
・在庫のうちの何％が１カ月に売れるか？

**❸仕入れを安定させる方法を考える**

・安定して在庫を持てる商品は何か？
・安定して売れる商品単価はいくらか？

**❹売上を予測する**

・仕入れ値（原価）はいくらか？
・仕入れ資金はどのくらい必要か？
・用意した仕入れ資金では、いくらの売上になるか？

# 出品に必要なもの

出品するにあたって、あらかじめ準備しておくものがあります。

## 出品用アカウントに登録する情報

Amazonで販売を始めるには、出品用アカウントの作成が必要で、次の情報を登録することになります。

・メールアドレス(フリーアドレス可)
・クレジットカードまたはデビットカード
・住所
・電話番号
・日本の銀行口座(売上金の受取用)

これらにプラスして、インターネットに接続できるパソコンがあれば、出品できる状態までの準備が整います。

## 販売にあたって準備すること

次のことを準備しておくと、スムーズに販売を始められます。

### 運送会社との契約

商品を出荷する際、運送会社に配送を依頼することになります。あらかじめ運送会社に運賃の見積を取り、契約を交わしておきましょう。

ひと月の出荷量により運賃が変わる場合が多いため、出荷の実績がなければ、予測でだいたいの出荷量を伝え、見積もりしてもらうとよいでしょう。

運送会社により、条件や集荷に来てくれる時間が違うので、1社だけではなく、複数の会社と契約しておくことをおすすめします。

### 商品の仕入先を決める

Amazonで安定して売上を出していくには、安定した商品の仕入先が必要です。自宅にある不用品などを出品しても、一時的に収入を得ることはできると思います。しかし、長期的かつ安定した収入にするのは難しいでしょう。

仕入れについては後ほど解説しますが、独自の仕入先を見つけることが、Amazon販売ではポイントになります。

## プリンターも忘れずに

プリンターがあると、出荷するときに商品に添付する納品書を印刷したり、FBAを利用するときに商品ラベルなどを印刷したり、何かと便利です。持っていない人は、買っておくようにしましょう。チェックリスト（図2）も参考にして、漏れがないように確認してください。

図2

**事前に準備しておくもの**

☑ メールアドレス

☑ クレジットまたはデビットカード

☑ パソコン

☑ プリンター

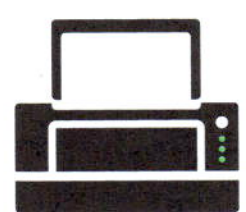

☑ 運送会社と契約

☑ 仕入れ先

### Column 運送会社の便利な使い方

運送会社との契約が固まったら、ストア名（Amazonに登録した自分のお店の名前）が印字された出荷伝票を作ってもらうと、いちいち書き込む手間が省けるので便利です。

ほかにも、梱包箱や梱包袋も、運送会社からもらう、あるいは購入することができます。会社によって条件が違うので、契約時に確認しておきましょう。

また、購入者の決済方法で「代金引換」を設定する場合は、代引用の発送伝票も必要です。代引伝票の作成は時間がかかることが多いので、必要な場合は早めに依頼をしておくようにしてください。

# 出品者登録をしよう

モノを売るときには、出品用のアカウントが必要です。

前述のとおり、2種類の出品サービスがありますが、ここでは大口出品サービスの登録方法を紹介します。それぞれのサービスの違いは、Introductionの「Amazon出品サービスのしくみ」を参照してください。

大口出品サービスのアカウント登録は、とても簡単です。次の操作解説を見ながら、さっそく登録しましょう。

### 登録は専用ページで

必要なものを用意できたら、出品用アカウントを登録します。数分程度の簡単な手続きです。登録は左記のWebサイトで行います。

Amazon出品(出店)サービス

URL http://services.amazon.co.jp

#### Column 正式名称と店名

出品用アカウントを登録する際、「正式名称／販売業者名」という欄と、「表示名(店舗名)」という欄が出てきます。前者には正式な会社名や、個人の場合は氏名および屋号を記入します。一方の表示名は、Amazonで表示したい店名を書きます。注意点として、店名には、第三者の商標を含んではいけません。たとえば、「○○ストア アマゾン店」のように、「Amazon」「アマゾン」などの名称を入れることは禁止されています。

#### Column クレジットカードに請求されるもの

月額登録料や手数料、FBA保管手数料などは売上金と相殺されます。ただし、売上金がこれらの金額に満たない場合は、差額分が登録したクレジットカードに請求されます。ほかに、Amazon内に広告を出した場合もクレジットカードに請求されることになります。

## STEP1：Webサイトにアクセス

## STEP2：登録を開始する

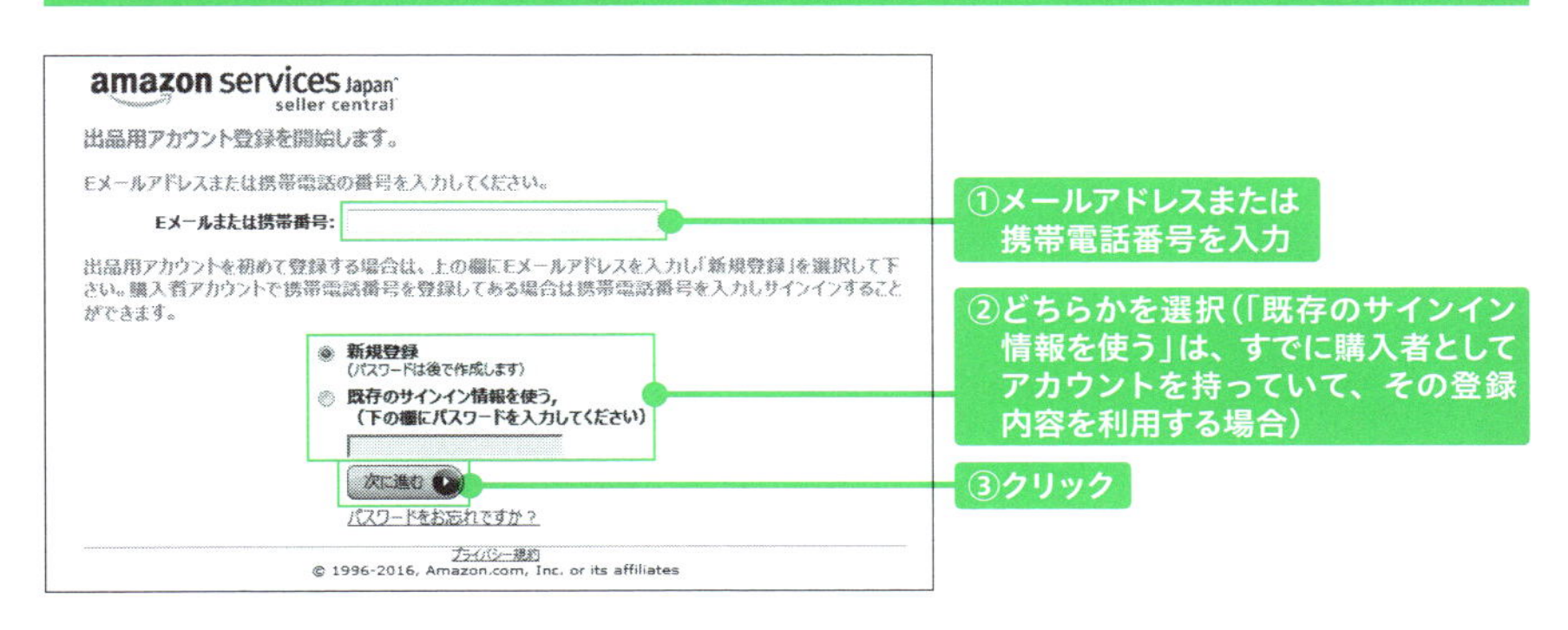


## STEP3：氏名／メールアドレス／パスワードの登録（STEP2で「新規登録」を選んだ場合）

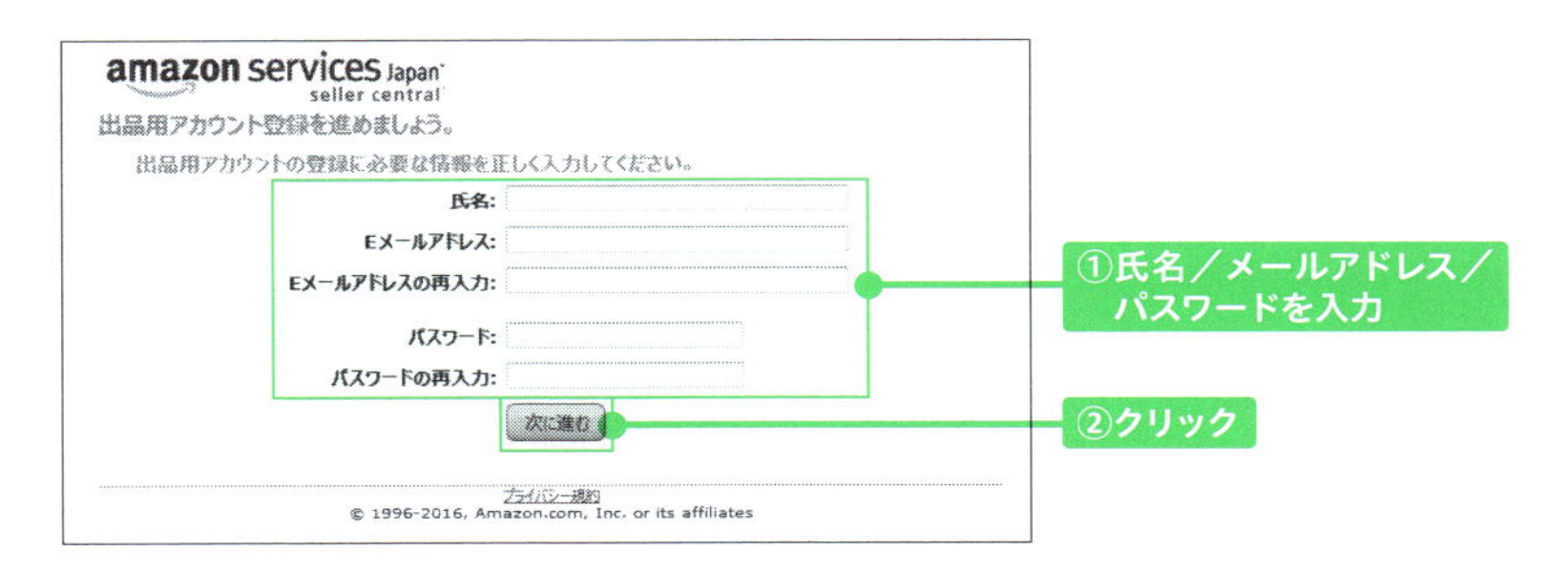

## STEP4：法人名または個人名の登録

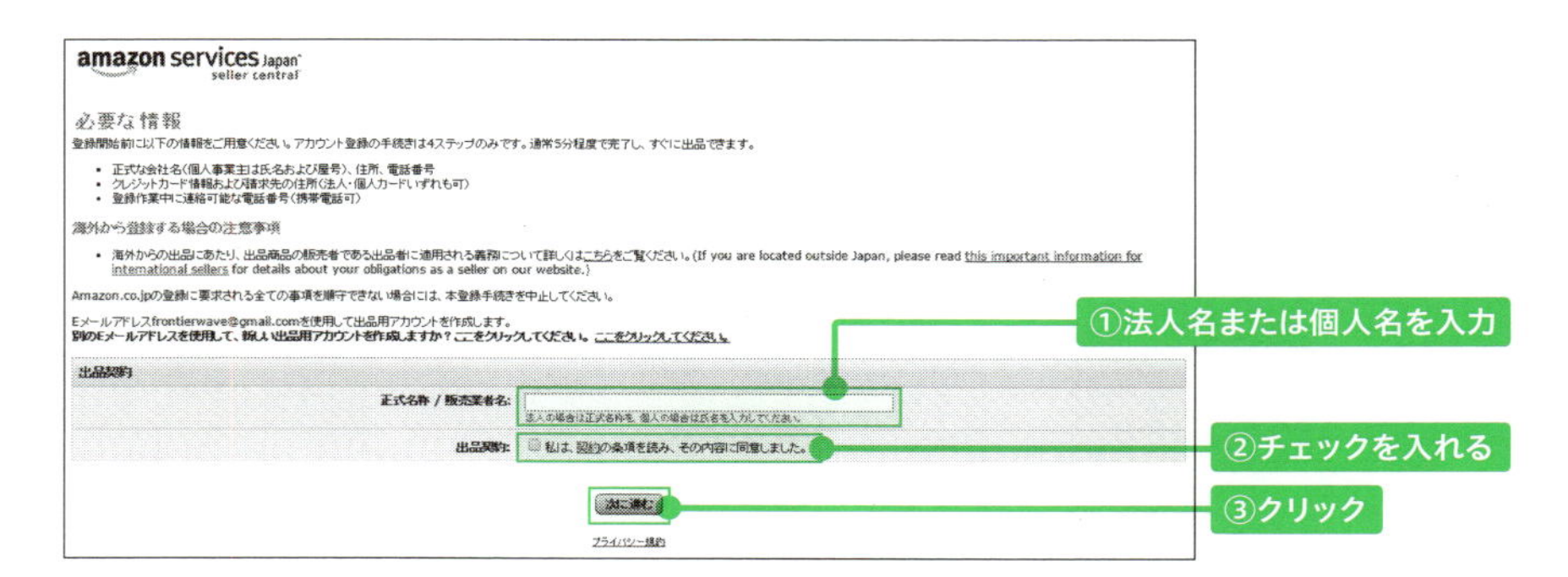


## STEP5：個人情報の登録

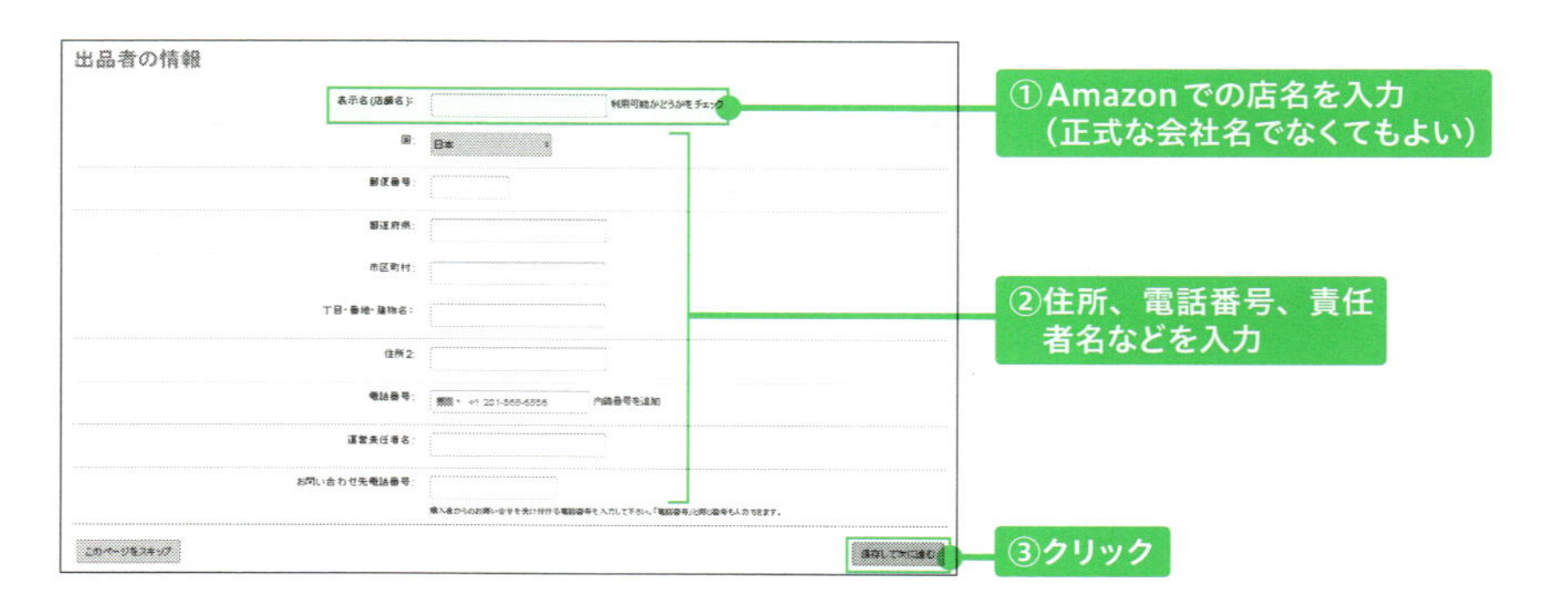


## STEP6：クレジットカード情報の登録

## STEP7：電話による本人確認①

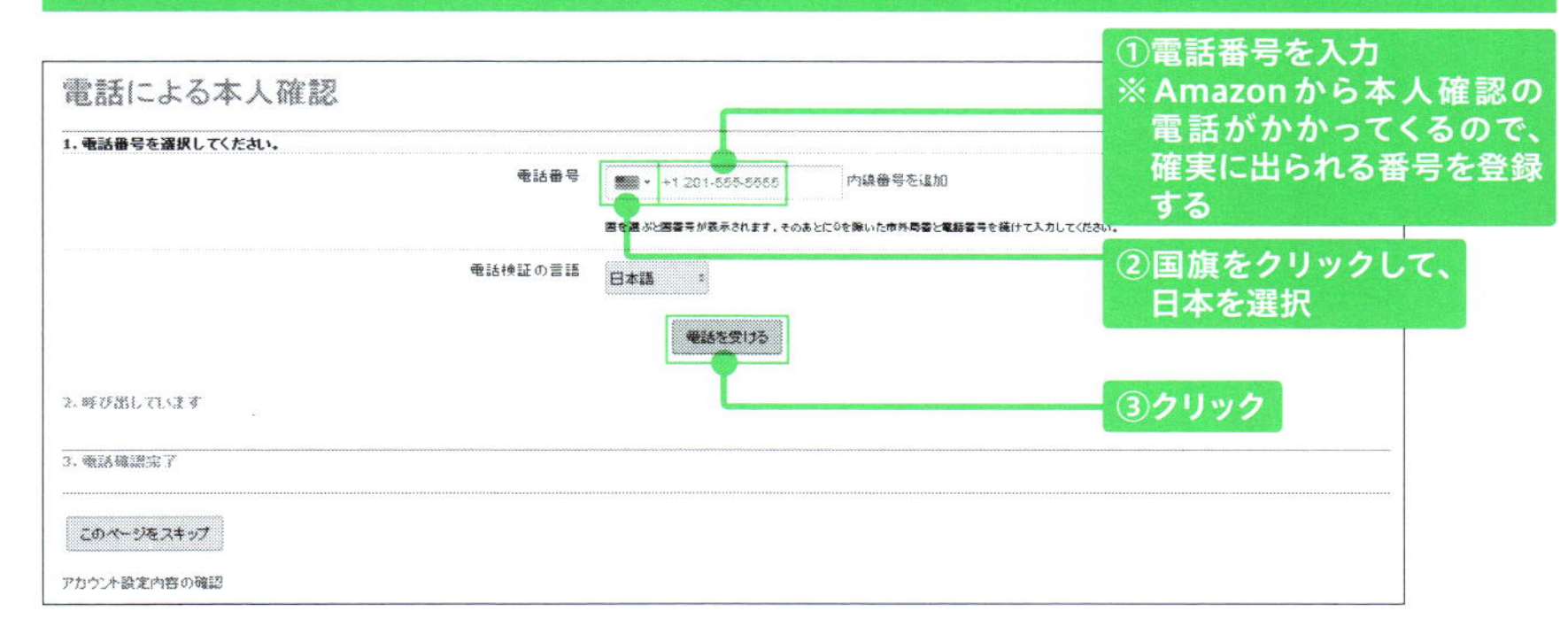


## STEP8：電話による本人確認②

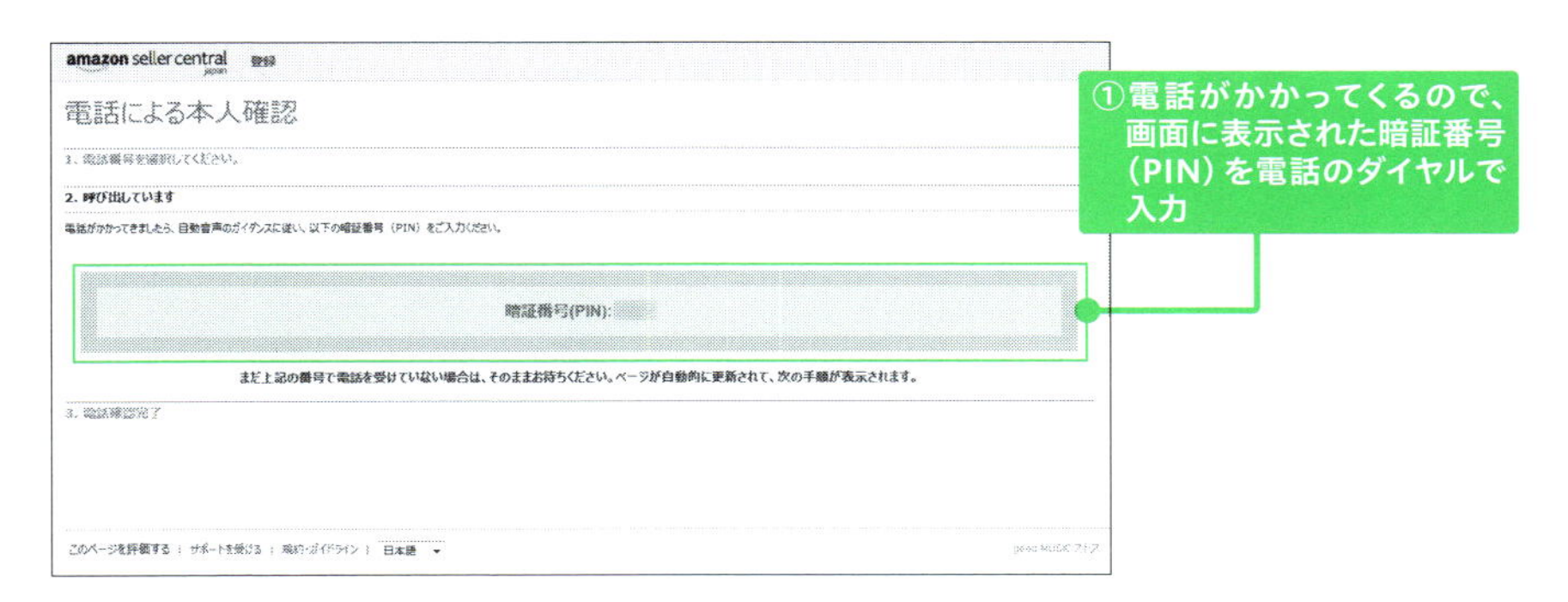


## STEP9：登録完了

# アカウント情報を設定しよう

銀行口座やプロフィールなど、お店の情報を登録しよう!

## Amazonでのお店作り

出品用アカウントを登録したら、お店作りをしましょう。実店舗でたとえると、看板を立てたり、店舗内に運営者の詳細を掲示したり、配送料金の一覧表を貼ったり、相談窓口を設けたりすると思います。Amazonでも同様のことを行うイメージです。

## アカウント情報の設定

### 銀行口座の登録

まず銀行口座情報の登録をします。あたりまえですが、銀行口座を登録していないと、せっかく商品を販売しても売上金を受け取れないので、最優先にすべき設定です。出品用アカウントで「Amazonセラーセントラル」にログインし、ページの一番下にある「出品用アカウント情報」をクリックして設定してください（図3）。

### プロフィール編集

**出品者のプロフィールで編集した情報は、Amazonのサイト上で購入者に開示されます。**店舗の所在地、店舗の運営責任者名、問い合わせ電話番号を設定します（特定商取引法という法律上、必要な表記になっています）。

図3

amazon seller central japan　在庫　注文　レポート　パフォーマンス

出品用アカウント情報

ようこそ、　様　出品者のプロフィール

出品ステータス　休止設定
現在の出品ステータス: アクティブ（出品商品をAmazonで販売中です）

ご利用のサービス　小口出品に変更 / 大口出品に変更
Amazon出品サービス　小口出品（Amazon.co.jp）

支払情報
銀行口座情報　クレジットカード情報(Amazon出品サービス)

出品者情報
許認可情報　正式名称/販売業者名

配送・返品情報
返送先住所　配送設定

納税情報
欧州VAT情報

### 広告費の支払い設定

Amazonでは広告を出すことができます（詳しくはChapter7を参照）。「広告費の支払い設定」では、広告費支払い用のクレジットカードを登録できます。支払い方法で「出品用アカウントの残高からの支払い」を選択すると、売上金から広告費を差し引いて決済することが可能です。

もし、利用可能額を超えているなどのトラブルで決済ができないと、広告がストップしてしまうので注意しましょう。

**Column 代引きの注意点**

コンビニ決済や代金引換を追加して支払い方法の間口を広げると、クレジットカードを持たない顧客層を取り込めるというメリットがあります。ただし代引きの場合は、購入者が商品の受け取り拒否をしたときに送料と返送料を回収できないなど、トラブルに発展する可能性もあるので、一長一短でもあります。

#### その他の支払い方法の設定

支払い方法の設定では、購入者の支払い方法も設定できます。クレジットカード払いだけではなく、代金引換(代引き)やコンビニ決済も追加可能です。ただし、これを利用するには条件があり、最初から追加できるわけではありません。大口出品サービスでの契約期間が3カ月以上経過すると、基準を満たした出品者にはAmazonから案内のメールが届き、利用できるようになります(メールが届くまでは利用できません)。

#### 許認可情報

商品によっては、販売にあたってメーカーやブランドなどの許認可が必要な場合があります。該当する許認可の種類を選択して、取得しているライセンスIDを入力します。

#### 返送先住所

返送先住所は、購入者が商品を返品する際、Amazonから購入者に送信される返送用ラベル(RML)に記載される住所です。

### 配送の設定が必要な商品

アカウント情報を登録したら、次は配送の設定をします。この設定が必要なのは、本、ミュージック(CD、レコード)、ビデオ、DVD「以外」の商品です。Amazonセラーセントラルの右上にある「設定」から、配送設定のページへ進んで、登録してください。

### 配送料の設定

配送料の設定では、「購入金額制」か、「個数・重量制」の配送にするか、どちらかを選択します(図4)。

### 購入金額制って?

購入金額制の配送では、購入金額の範囲に応じて、配送料の設定を変えることができます。Amazonが購入者の購入金額の合計を計算して、それに対応した配送料を購入者に請求します。

### 個数・重量制って?

個数・重量制の配送では、配送1件あたりの料金と、1kgごとの料金または個数ごとの料金を設定できます。こちらもAmazonが計算して購入者に請求します。

### 地域や海外対応の設定もしておく

また、配送設定では日本国内の地域別の設定や、海外への配送有無も設定ができます。

### 本やCDの配送料は?

本、ミュージック、ビデオ商品の配送料は、Amazonで販売するすべての出品者の条件が同じになるように定められています。配送設定のページでは、海外配送対応の可否のみ変更が可能です。

## 情報・ポリシーの設定

出品者に関する情報とポリシーの設定ページでは、Amazonのサイト上で購入者に公開される出品者の情報や配送ポリシー、プライバシーポリシーなどを設定できます。

出品者情報の入力欄には、事業者の氏名(名称)、住所、電話番号、代表者または責任者の氏名の記載が必須となっています。プロフィールの内容と重複しますが、Amazon内での表示箇所が異なるため、ここでの入力も必要です。中古商品の売買を行う場合は、古物商の許可証番号なども記載します。

また、営業時間や休業日など、営業に関する情報も記載しておくとよいでしょう。

## ユーザー権限の設定

ユーザー権限の設定は、複数のメンバーで運営する場合に必要です。最初に作成した出品用アカウントは「プライマリアカウント」と呼ばれ、最高権限を持ったアカウントになります。このプライマリアカウントから派生するアカウントをここで作成したり、その権限を設定できます。共同運営者の役割によって、「売上閲覧用」「出品用」など、アカウントを使い分けることが可能です。

図4

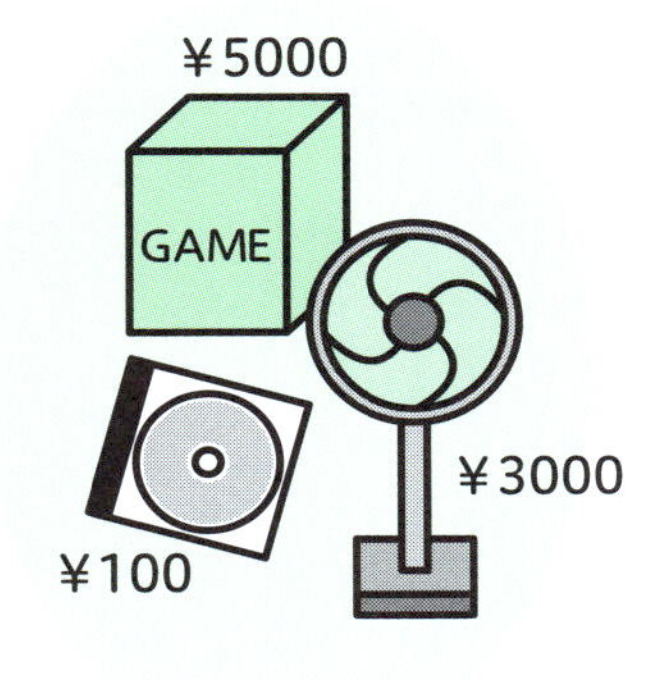


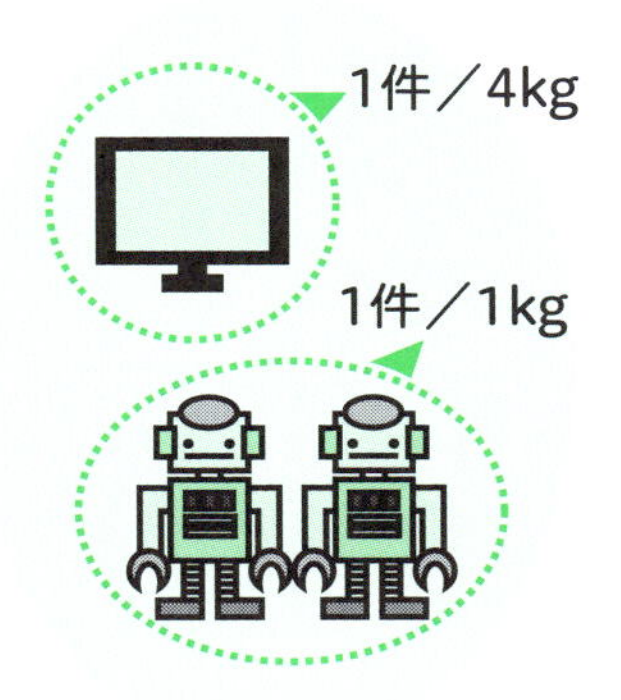


## Column 注意すべきAmazonのルール

Amazonのルールとして、作成できる出品用アカウントは1つと限られており、複数のアカウントでの取引は禁止行為にあたります。

また、出品者の返品ポリシーは「Amazonと同等か、顧客にとってより有利なものでなければならない」とされています。もし、独自の条件をつけたい場合は、Amazonのポリシーを確認したうえで、顧客にとってAmazonの条件よりも不利になっていないかを判断して、出品ページ上で詳細を説明するようにしましょう。

ほかにも、購入者をAmazon以外のサイトに誘導することは禁止されています。ほかの出品者がやっているから大丈夫と思い込まずに、必ず自分で規約やポリシーを確認するようにしてください。

# 出品手続きは超かんたん!

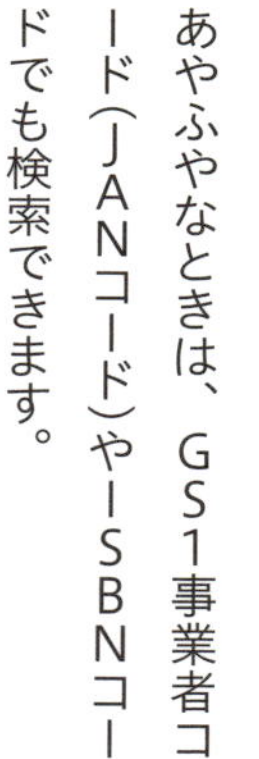

いよいよ出品! まずはAmazonに登録されている商品か調べよう。

## まずは商品を検索

Amazonですでに販売されている商品を出品するのは、とても簡単です。まずAmazonの検索窓に商品名を入れて検索し、その商品がAmazonカタログに登録されているかどうか(商品ページがあるかどうか)調べてみましょう。商品名があやふやなときは、GS1事業者コード(JANコード)やISBNコードでも検索できます。

## 既存の商品ページから出品登録できる

出品したい商品と同じものを見つけたら、商品ページ右の「マーケットプレイスに出品する」ボタンから出品できます。**出品をする際には手数料はかかりません。**

出品時には、商品のコンディション選択、コンディション説明、在庫数、販売価格などを入力します(図5)。各項目について詳しくは、表1を参照してください。慣れてくれば、ものの数分で出品作業ができるようになります。もし同じ商品がAmazonにない場合は、自分で登録することになります。

## 出品許可が必要な商品カテゴリー

次に挙げるカテゴリーは、出品許可が必要となります。

- 時計
- 服&ファッション小物
- シューズ&バッグ
- ジュエリー
- ヘルス&ビューティー
- コスメ
- 食品&飲料
- ペット用品
- ベビー&マタニティ(一部の並行輸入品)

**これらの商品は、小口出品サービスでは販売ができません。**大口出品サービスに登録後、Amazonに許可申請を行う必要があります。

図5

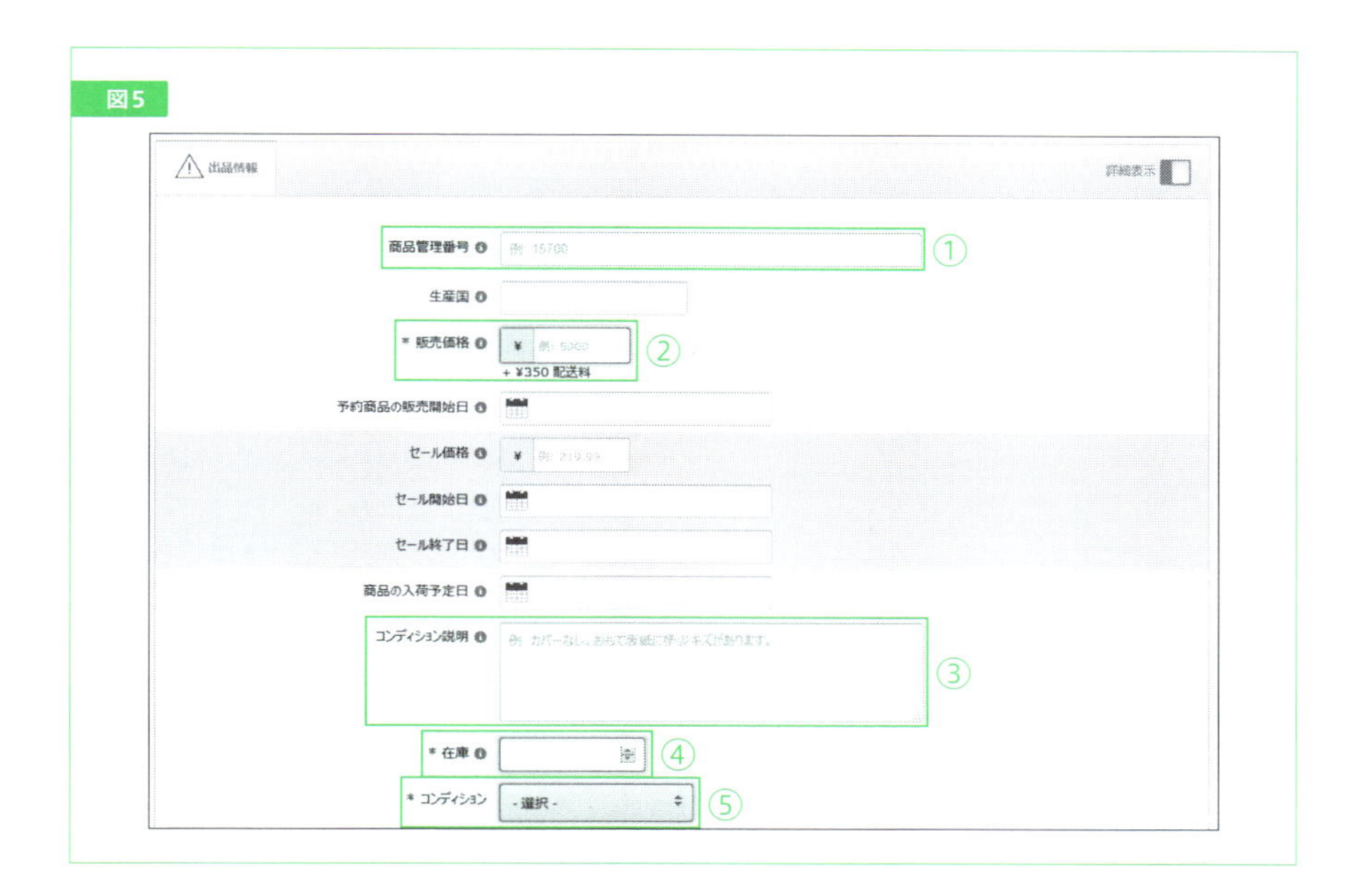


表1

| 項目名 | 説明 |
| --- | --- |
| ①商品管理番号 | Amazon では SKU とも呼ばれる。あらかじめ Amazon がランダムなアルファベットで割り振っているが、好きな数字・アルファベットに変更可能 |
| ②販売価格 | コンディションごとに Amazon 内の最低価格が表示される。あまりかけ離れない価格にするのが望ましい |
| ③コンディションの説明 | 商品の具体的な状態を記入する。再生品の場合は、「誰がどのような再生処理を行ったのか」「保証書があること」を記載し、メーカーによる再生品でない場合はその旨も明記する |
| ④在庫 | 販売可能な数量を入力する |
| ⑤商品のコンディション | 新品、中古（4 段階）、コレクター商品（4 段階）、再生品の中から選択する。コレクター商品とは、サイン入りや絶版など付加価値の付いている商品のこと。新品価格より高い値段にすることが推奨されている。再生品は専門家によって検査、清掃、修理などがされたもので、再生処理をした業者の保証書が必須 |
| 配送オプション（図 5 の欄外） | 商品が売れた場合に、商品を自分で出荷するか、FBA サービスで配送を代行してもらうかを選択する（FBA の詳細は後述） |

# 商品コンディションの書き方のコツ

購入者ならみんな気にする、商品コンディション。しっかりアピールしよう。

## コンディション説明欄は重要！

商品のコンディション説明欄に記載した内容は、商品ページで出品者を一覧で表示すれば確認できます（図6）。Amazonに訪れた購入者は、同じ商品に複数の出品者が存在する場合、価格だけでなく、ストアの評価や出荷場所、商品の状態など、さまざまな条件から購入先を選べます。

つまり、コンディション説明欄を上手に活用することで、購入者に好印象を与えることが可能です。

## アピールに使おう

コンディション説明欄は、出品者側がアピールできる、唯一の場所です。商品に対しての補足だけではなく、購入者にとって必要と思われる情報は書き込むようにしましょう。

たとえば、商品をFBAから発送するなら、「Amazon配送センターからの発送になります」「Amazon配送センターが梱包して迅速に発送します」などの言葉を入れて、メリットとしてアピールできます。Amazonが発送することを理由に商品を選ぶ人は少なくありません。

## トラブル回避にもなる

商品を自分で発送する場合は、どのような配送手段か、発送するまでに何営業日かかるのかを書いておくと、購入後のトラブルを避けられます。反対に、特に説明なく、購入者が負担する送料よりも安い配送手段を使うと、クレームになる可能性があるので注意してください。

## 決済方法もアピールポイント

クレジットカード以外に、複数の決済方法が用意されているというのもアピールポイントになります。コンビニ決済や代金引換が利用できる場合は記載しておくと、ほかの出品者と差別化を図れます。

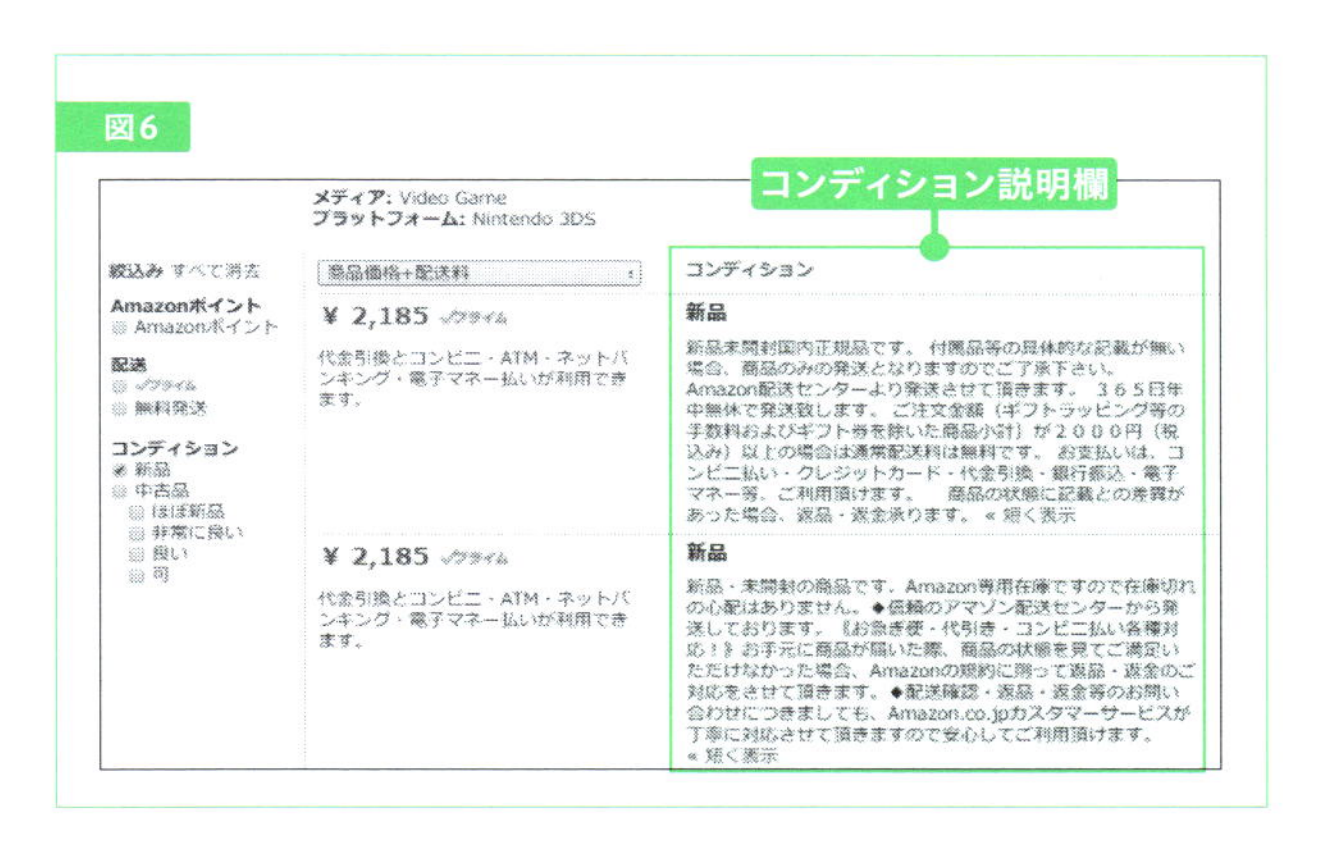


## そのほかに記入すべきこと

ほかにも、営業時間、休業日、まとめ買いでの割引案内などを書き込むとよいでしょう。出品者個人のページに記載されている内容ですが、購入者がそこまで見に行かなくても、出品者一覧で必要な情報を伝えることができます。

## 中古商品を差別化するコツ

中古商品の場合は、ほかの出品者と差別化できるポイントをできる限り書くようにしましょう。

たとえばCDの場合は、「帯あり」「ハガキ・応募券がついています」など、付属物の情報も記載すると丁寧です。

逆に、状態がよくないものも、「擦り傷があります」「経年劣化による変色があります」などと明記することで、購入後にクレームを受けるようなトラブルの可能性を減らすことができます。

## 外部リンクは禁止

コンディション説明欄に外部リンク（例：自社サイトの商品紹介ページ）などを張って、他サイトに誘導する行為は、Amazonの規約上で禁止されています。

### Column FBAを利用すると商品が高くなる？

FBAから発送する商品は、価格の中に送料やFBA手数料も含まれます。そのため、商品価格だけで比較すると、出品者みずから発送しているものよりも高く見えてしまうかもしれません。
しかし、コンディション説明欄でAmazonからの配送であることを説明すれば、若干の価格差よりも信頼感のほうがプラスになるでしょう。

# Amazonに出品してはいけないもの

禁止商品を出品してしまわないように気をつけよう。

## 禁止商品に注意！

Amazonでは、何でも自由に販売できるわけではありません。前述のような許可がなければ出品できないカテゴリーに加え、出品禁止商品が定められています。もし、禁止されている商品を出品してしまうと、通知なく掲載を取り消されたり、Amazonのツールが使用できなくなったりします。最悪の場合は、Amazonでの出品資格を永久に剥奪されてしまう恐れもあります。

これは、知らなかったでは済まされません。Amazonでは、出品サービスに参加した時点で、利用規約を理解しているとみなされるからです。

## 出品禁止商品ってどんなもの？

出品禁止商品の代表例は、日本の法律に違反するような商品（公共機関の許可がなければ販売できない銃刀類や宝石のほか、違法薬物など）です。不快感を与える商品（人種差別になるものなど）や、アダルト商品も原則禁止になっています。

ここまで挙げたものは誰でもいけないことがわかりますが、一部の食品やペダル付き電動自転車など、うっかり販売してしまいそうなものもあります。表2とあわせて、次のURLから事前に必ずチェックしておきましょう。

Amazon出品サービス「出品禁止商品」

URL http://services.amazon.co.jp/services/sell-on-amazon/prohibited-items.html

表2

| 禁止商品 | Amazonによる説明の抜粋 |
| --- | --- |
| 非合法の製品および非合法の可能性がある製品 | 葉巻、たばこ、銃刀類、爆発物、薬品、ビタミン、ハーブ製品、アダルト製品（例外あり）、宝石製品（保証書のないもの）など |
| 許認可が必要なもので許可を得ていないもの | 古物など（日本で販売するにあたり、免許や登録、届け出などの許可が必要な商品） |
| リコール対象商品 | 欠陥があり、製造業者や政府によってリコールされたもの |
| 不快感を与える資料 | 犯罪現場の写真、体の一部、人種差別を賛美するような製品、一般的に著しく嫌悪感を抱くようなタイトルの商品など |
| ヌード | ヌード画像が掲載された商品（ランジェリーや水着の出品画像でも、モデルを使用した画像がわいせつまたは下品と受け取られる可能性があるものを含む） |
| 18歳未満の児童の画像を含むメディア商品 | 性的な刺激を与えるまたは興奮させる18歳未満の児童の画像を含む商品 |
| オンラインゲームのゲーム内通貨・アイテム類 | オンラインゲームの運営会社がリアルマネートレードを禁止している場合 |
| Amazon.co.jp限定TVゲーム・PCソフト商品 | 商品タイトルに「Amazon.co.jp限定」が含まれており、Amazon.co.jpが出品販売している商品を、予約期間中に出品することはできない |
| 同人PCソフト | 事前にAmazon.co.jpによる許可が必要。すべてのアダルト商品、および著作権者の許諾を得ていない二次創作物の出品は禁止 |
| 同人CD | 同上 |
| 一部のストリーミングプレーヤー | Apple TV、Chromecast、Nexus Player（Amazonが販売するストリーミングメディアプレーヤーではないもの） |
| Amazon Kindle商品 | Amazon Kindle／Fire向け商品 |
| プロモーション用の媒体 | プロモーション用途のみで製作、配布された映画、CD、PCソフト、書籍など |
| 一部食品 | 鯨肉、鯨肉加工品、イルカ肉、イルカ肉加工品、鮫肉、鮫肉加工品など |
| 輸入食品および飲料 | 日本の食品衛生法や、その他の法令や省庁ガイドラインに適合しない輸入品など |

| 禁止商品 | Amazonによる説明の抜粋 |
|---|---|
| ペット | 鋭利な突起がある首輪も不可。ペットフードを販売する場合は、ペットフード安全法にしたがう |
| 動物用医薬品 | 動物用医薬品販売業の許可がないもの |
| 一部のサプリメント・化粧品・成分例品 | ゲルマニウムが含有されているサプリメントやホルムアルデヒドが含有されている化粧品など |
| 医療機器、医薬品、化粧品の小分け商品 | 既製の医薬品、医療器具などをその容器または被包から取り出して分割したものなど |
| 海外製医療器具・医薬品 | 日本国内で医療器具や医薬品としての認証を受けていない人体への医療行為、またはそれと同等の行為を行うことを前提とした商品など |
| 海外直送によるヘルス&ビューティー商材 | ※特に説明なし |
| ペダル付き電動自転車 | 電動で自走する機能を備え、電動のみまたは人力のみによる運転が可能なペダル付き自転車 |
| ピッキングツール | 特殊開錠器具 |
| 盗品 | ※特に説明なし |
| クレジットカード現金化 | 商品券と通常商品のセット販売品など |
| 広告 | ほかのWebサイトへの誘導、Amazon.co.jp以外での取引に誘導する目的の商品など |
| 無許可・非合法の野生生物である商品 | 外来生物、希少生物、野生生物、および副産物（皮、骨、羽など）など |
| 銃器、弾薬および兵器 | 銃、ナイフ、警棒、スタンガン、催涙スプレー、吹き矢など |
| 不快感を与える商品 | 上記の「不快感を与える資料」のほかにも、Amazon.co.jpが不快感を与えると見なす商品 |
| 制裁対象国、団体並びに個人が関与するもの | 米国その他多数の国々における輸入管理制度や経済制裁法規に定められている取引 |

※この表は、Amazon.co.jpから引用（抜粋）したものです。必ずAmazonのサイトで詳細を確認してください

引用元：URL http://services.amazon.co.jp/services/sell-on-amazon/prohibited-items.html

# Chapter 2
# 受注から出荷まで

- 出荷の準備をしよう
- 注文が入ったらすること
- 注文ごとの発送方法
- 梱包のちょっとしたテクニック
- 商品がキャンセルされたら

# 出荷の準備をしよう

注文が入ったらすぐ出荷できるように、しっかり準備しておこう。

## 速やかに出荷できるようにしておく

注文が入ると出荷することになります。梱包資材など必要なものがいくつかあるので、速やかに発送できるように事前に用意しておきましょう。

## 商品の準備

受け取る購入者が不快な思いをしないような状態で、商品を準備しておきます。

**中古商品の場合は値札ラベルをきれいにはがしておく**ことも重要です。手作業で上手にはがせないときは、市販の「テープカッター」や「シールはがし」などを利用しましょう。

また、**雨天時に出荷することも想定**して、商品をOPP袋などで包装しておくと、購入者に丁寧な印象を与えられます。

## 必要な梱包資材

### ダンボール、包装袋

商品の梱包には、新しい包装や梱包素材を使用することがAmazonのガイドラインで定められています。使い回しのものではなく、Amazonでの出荷用に新品を用意するようにしてください。

### 緩衝材

エアパッキンや発泡材などの緩衝材は、商品を保護するために必要不可欠です。扱う商品に合わせたサイズのものを用意するようにしましょう。

商品の発送に封筒を利用するなら、エアパッキンと一体型になっているクッション封筒を利用するという手もあります。

### 梱包テープ

梱包する商品のサイズに合わせて、セロハンテープやOPPテープ、ガムテープなどを用意しておきます。

扱う商品の種類によっては、結束をするのにハンディラップが便利なことがあります。

### シーラー

シーラーとは、袋の口を閉じる道具です。これを使えば作業効率がよくなるのに加えて、パッケージの見栄えもよくなります。袋詰めする作業が多い場合は特に便利です。

## 納品書用紙と送り状

発送時には、商品と一緒に納品書を同梱します。納品書の印刷用にA4サイズのコピー用紙が必要です。

また、利用する運送会社の送り状（伝票）も用意しておきます。代金引換を設定する場合には、代引用の送り状も必要です。レターパックなどを利用する場合は、専用の封筒も揃えておきましょう。

表1にチェックリストを用意したので、準備を忘れているものがないか、確認してください。

表1

| ✓ | 出荷に必要なもの | 注意点／備考 |
|---|---|---|
| □ | 商品の状態 | きれいな状態か、中古品の値札は取ってあるか |
| □ | ダンボール | 新品を使用すること |
| □ | 包装袋 | 新品を使用すること |
| □ | 封筒 | 新品を使用すること |
| □ | 緩衝材 | 商品のサイズに合わせたものを用意 |
| □ | クッション封筒 | 封筒をよく使う場合は緩衝材で包む手間が省ける |
| □ | セロハンテープ | 商品のサイズに合わせたものを用意 |
| □ | OPP テープ | 商品のサイズに合わせたものを用意 |
| □ | ガムテープ | 商品のサイズに合わせたものを用意 |
| □ | ハンディラップ | 商品の結束用 |
| □ | シーラー | やや高価だが、手軽にきれいに封ができる |
| □ | A4 コピー用紙 | 納品書印刷用 |
| □ | 送り状 | 運送会社から取り寄せる |
| □ | 専用封筒 | レターパックなどを利用する場合 |

# 注文が入ったらすること

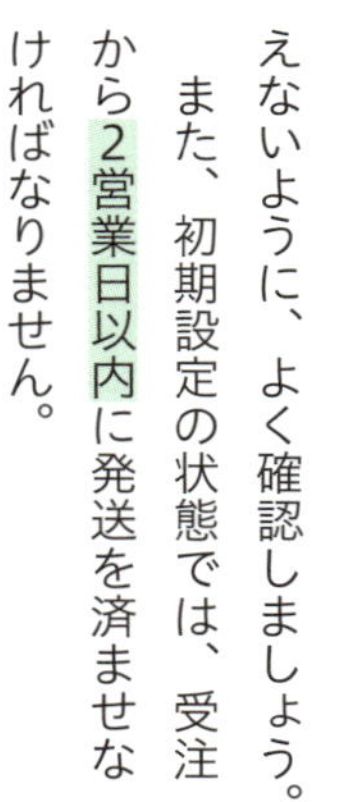


## ①注文確定メールを確認する

商品が売れると、「注文確定」のメールが届きます。このメールには、出品タイトルのほか、注文番号、コンディション、出品ID、SKU、数量、注文日、価格、配送料、Amazon手数料、振込金額の合計が記載されています。どの商品が売れたのか間違えないように、よく確認しましょう。

また、初期設定の状態では、受注から2営業日以内に発送を済ませなければなりません。

## ②購入者情報を確認する

注文確定メールが届いたら、まずセラーセントラルにログインして、注文内容の確認をします。画面上部にあるメニューバーの「注文」から、「注文管理」に進んでチェックしてください。

注文管理ページには注文の詳細が表示され（図1）、出荷前の商品は赤文字で「未出荷」と表示されています。注文番号をクリックすると、詳細ページへ移動します。そこで、出荷に必要な購入者の情報を確認することができます。

## ③納品書を印刷する

商品に同梱する納品書を用意します。納品書もセラーセントラルの「注文管理」から印刷できます（注文の詳細ページからでも可能です）。

## ④商品を梱包する

あたりまえですが、出荷したものは購入者にそのまま届きます。できるだけきれいに梱包しましょう。破損する可能性のある商品の場合は緩衝材を使います。

印刷した納品書も忘れないようにしてください。納品書は封筒などに入れると、購入者は丁寧な印象を受けます。

梱包した荷物の表面には「Amazon.co.jp マーケットプレイスからの注文品」と表記することがAmazonの

ガイドラインで定められています。

### ⑤商品を発送する

梱包できたら、いよいよ商品の発送です。運送会社に荷物の集荷依頼をしましょう。

荷物の発送が毎日ある場合は、夕方の決まった時間に集荷に来てもらうようにすれば、いちいち集荷依頼をする手間が省けます。

### ⑥出荷通知を送信する

運送会社に商品を渡したら、出荷通知を送信します。セラーセントラルの注文管理ページにある「出荷通知を送信」で操作します。配送方法や、問い合わせ用の伝票番号を入力して、「出荷通知を送信」ボタンをクリックすれば完了です。

**出荷通知を送信しないと、売上金が決済されません。**忘れないように気をつけましょう。

図1

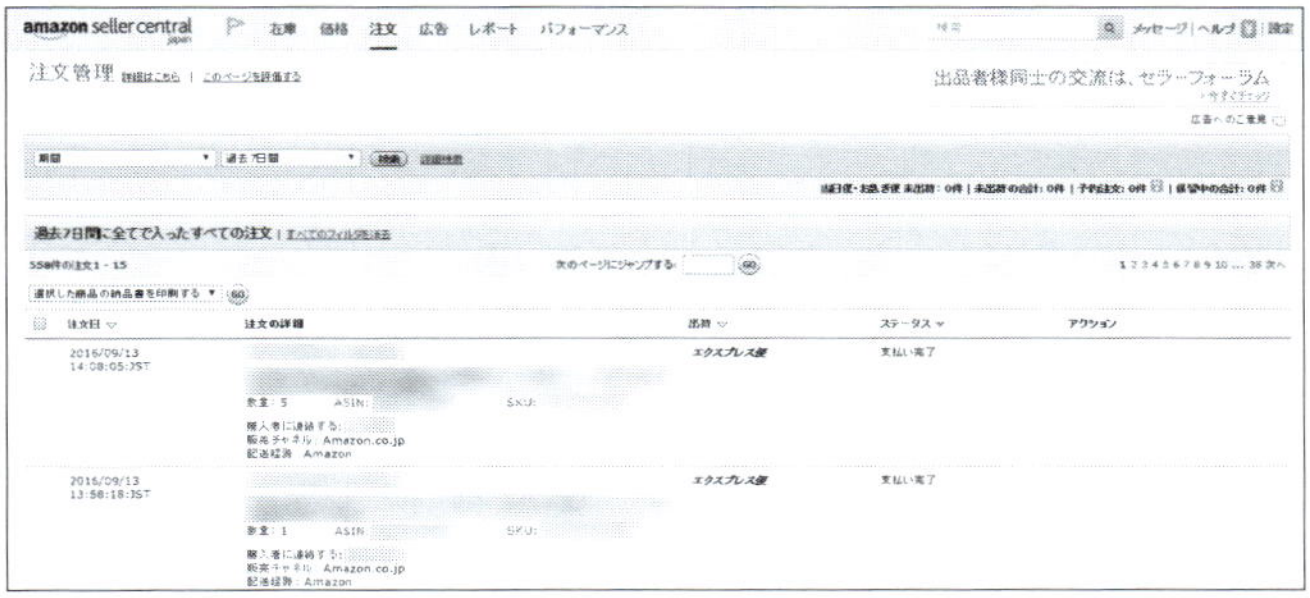

## Column 出荷通知の期限

出荷通知は受注後30日以内に送信しなければいけません。それまでに出荷通知が行われない場合は自動キャンセルになります。注文がキャンセルされると、購入者に代金の請求がされないので、出品者に売上は支払われません。
つまり、商品を発送していたとしても、出荷通知を送信しなければ、代金を受け取ることができないということです。注意しましょう。
出荷通知を送信していない場合、Amazonから出品者に対して、「出荷予定日の3日後」と「注文日から25日後」に送信を促すメールが届きます。在庫切れなどで、商品が発送できないことがわかった場合は、速やかに注文キャンセルの手続きをしましょう。

# 注文ごとの発送方法

配送設定と宅配サービスは、購入者も自分も損をしないように選ぼう。

## 適切な発送方法を見つけよう

扱う商品によって、それぞれに適した発送方法があります。セラーセントラルの配送設定で、「購入者の地域ごと」「重量1kgごと」「商品1点あたり」「購入金額ごと」など配送料を細かく設定できますが、単純に利益が取れるように設定すればよいというものでもありません。

Amazonが販売している商品は配送スピードが速く、しかも2000円以上購入すると送料無料になります。しかし自己発送の場合は、いくらだろうと当然送料がかかるので、あまり送料が高いと比較されたときに不利になってしまいます。なるべく安くて迅速な発送手段を見つけておきましょう（表2）。

## 配送料が一律のカテゴリー

Chapter1で触れたとおり、本・ミュージック（CD・レコード）・ビデオ・DVDのメディア商品は配送料が一律に決められています。定められた金額内で収められる発送方法を選択しないと、送料が赤字になる場合があるので注意が必要です。

メディア商品の配送は、本が257円、CD・レコードが350円、ビデオ391円、DVDが350円となっています。

また、配送の日数は1～4日と決められています。これは、「その期間内で配達が可能な発送方法を使ってください」という意味です。

### Column 購入者の住所がわからないとき

注文の詳細ページに記載されている購入者の配送先住所が、番地以降の表記がないなど不完全な場合があります。これは、購入者が住所をちゃんと登録しなかった際に起こります。この場合は、連絡先の電話番号に電話をかけるか、メールで連絡して、正しい配送先住所を確認する必要があります。

## Column マケプレお急ぎ便

Amazonには、「マケプレお急ぎ便」というサービスがあります。このサービスに参加するためには、高い配送品質基準を保つなど、ある特定の利用要件を満たしていることが必要です。マケプレ当日お急ぎ便は、東京23区全域が対象地域となっており、最短で注文当日に届けられます。

参加資格の有無は、セラーセントラルの「パフォーマンス」から確認できます。ライバルとの差別化になるので、資格を得られるように高品質な配送を心がけましょう。

表2

| サービス名 | 事業者名 | 料金 | サイズ | 配送日数 | 備考 |
|---|---|---|---|---|---|
| クロネコDM便 | ヤマト運輸 | 上限164円（数量による） | 3辺の合計が60cm以内、最長辺34cm以内、厚さ2cm以内、重さ1kg以内 | 宅急便＋1～2日 | 月まとめの契約が必須 |
| ネコポス | ヤマト運輸 | 上限378円（数量による） | 角形A4サイズ（31.2cm以内×22.8cm）以内、厚さ2.5cm以内、重さ1kg以内 | 宅急便と同等 | 月まとめの契約が必須 |
| クリックポスト | 日本郵便 | 164円（一律） | 長辺34cm以内、短辺25cm以内、厚さ3cm以内、重さ1kg以内 | 1～2日 | Yahoo! JapanのIDが必要、支払いもYahoo!ウォレットのみ<br>自宅でラベル印字が必要 |
| レターパックプラス | 日本郵便 | 510円（一律） | A4サイズ、重量4kg以内（封筒の口が閉まれば厚さ制限はなし） | 1～2日 | 専用封筒が必要（コンビニ取扱いあり） |
| レターパックライト | 日本郵便 | 360円（一律） | A4サイズ、重量4kg以内、厚さ3cm以内 | 1～2日 | 専用封筒が必要（コンビニ取扱いあり） |
| スマートレター | 日本郵便 | 180円（一律） | 25cm×17cm（A5ファイルサイズ）、厚さ2cm以内、重さ1kg以内 | 1～2日 | 専用封筒が必要（コンビニ取扱いあり）<br>追跡サービスなし |

# 梱包のちょっとしたテクニック

梱包の良し悪しで、出品者の印象は大きく左右されます。

## 梱包は商品の一部！

梱包は、購入者からの出品者の評価に大きな影響を与える部分です。購入者が箱を開けて、最初に手にするのは梱包した状態の商品なので、雑だったり、適当だったりすると、商品の印象さえ悪く感じてしまいます。梱包は商品の一部ともいっても過言ではありません。しっかり神経を使うようにしましょう。

## 梱包資材は切らさないように

梱包材はインターネットでも購入可能ですが、近所に100円ショップやディスカウントショップがある場合は、そちらで購入したほうが安く上がる場合があります。

自分で発送をしていくなら、エアパッキン、紙テープ、梱包テープ、発泡材、封筒などの梱包資材は、安く安定して入手できる仕入先を見つけておくことをおすすめします。

## オリジナルスタンプで手間を省く

発送する商品に封筒を使うことが多い場合、オリジナルの「住所印スタンプ」を作っておきましょう。住所の記入は、毎日、しかも数が増えてくると、かなり手間になります。

インターネットの専門店やはんこ屋さんでは、スタンプ台内蔵型のオリジナルスタンプを作れます。屋号や住所、電話番号などの情報はスタンプにしてしまいましょう。

また、荷物の表面には「Amazon.co.jp マーケットプレイスからの注文品」という表記が必要なので、これもスタンプにすれば楽になります。

## 商品お買い上げのお礼状

Amazonというオートマチックな販路の場合、商品が届けられるときが、**出品者と購入者のほぼ唯一の接点**になります。

自己発送する場合は、購入者に感謝の気持ちを込めたお礼状も一緒に同封しましょう。書式にこだわるよりも、自分のストアで買い物をしてくれたことへの感謝の気持ちを伝えることに意味があります。

お礼状には、商品に不備があった場合に全力で対応する旨を書き込みましょう。あらかじめ伝えておくことで、トラブルに発展したり、クレームを受けたりする可能性が少なくなります。

また、Amazonでの出品者評価をつけてほしい旨も伝えましょう。出品者の評価は購入者によって5段階で評価され、高い評価が多いほど有利になります。

## Column 追跡サービスは必須

日本郵便を利用して発送する手段に、「スマートレター」があります。しかし、これには配達状況を調べられる追跡サービスがついていません。購入者とのトラブルに発展する可能性があるので、同じ日本郵便ならレターパックなどの追跡サービスがある発送方法を利用することをおすすめします（図2）。

図2

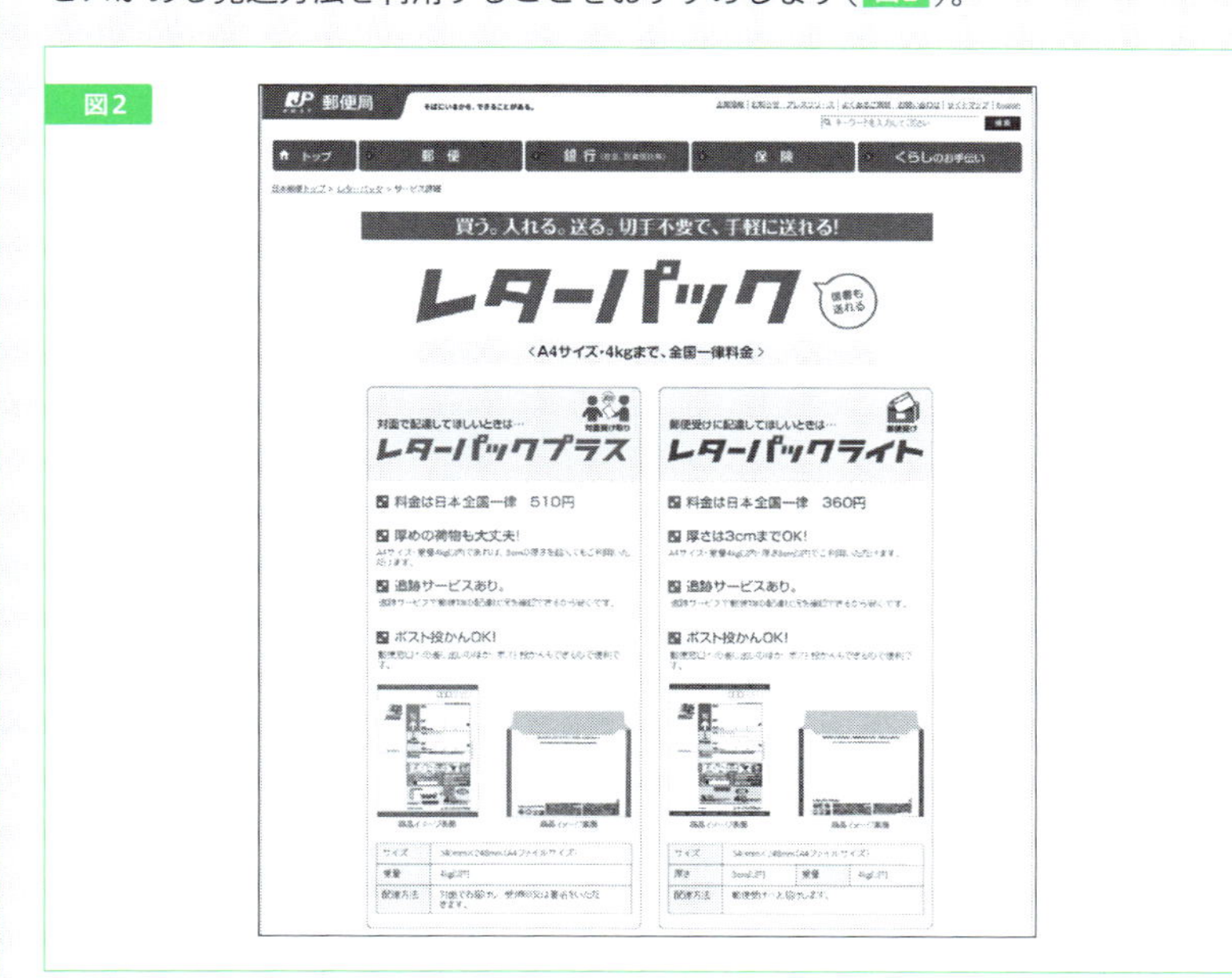

# 商品がキャンセルされたら

## キャンセル対応は迅速に

注文が確定しても、すべてのケースで取引が無事完了するわけではありません。注文後に購入者の気が変わって、キャンセルされることもあります。

出品者としては、キャンセル依頼があっても対応に困らないように、対応の手順を覚えておきましょう。

## 注文のキャンセル依頼

注文のキャンセル依頼は、セラーセントラル内の「購入者のメッセージ」に届きます。購入者のメッセージは24時間以内に返信をしないと、「回答遅延」となり、出品者のパフォーマンス評価（アカウント健全性）に影響を与えます。パフォーマンスが低下すると、出品権限に影響する可能性があるので、注意してください。

注文キャンセル依頼は、「Amazonのカスタマー○○様から注文キャンセル依頼のご連絡」という件名で送られてきます。キャンセルの理由は購入者によりさまざまではありますが、Amazonのガイドラインにより、いかなる理由でも承諾しなければなりません。

キャンセル処理の手続きは、セラーセントラルで行います。

## 出品者都合のキャンセル

在庫切れや価格設定の間違いなどで、出品者からキャンセルすることもあり得ます。ただし、出品者都合のキャンセルはパフォーマンスの「出荷前キャンセル率」に影響するので、出品登録時には気をつけてください。

## 商品発送後の返品リクエスト

### ●出品者に落ち度がある場合

商品コンディションが説明と異なっていたときや、商品に欠陥があった場合など、出品者の販売方法や商品に落ち度があった場合は返品を了承しなければなりません。

購入者は商品受領から30日以内であれば返品を申し出ることができ、出品者と購入者とで協議します。協議後7日以内の消印有効で返送された商品が、返品の対象となります。出品者に責任がある場合は、返品時の送料も出品者の負担となります。

返品リクエストはセラーセントラルの「返品リクエスト」に通知されるので、内容を確認します。商品の返品が不要な場合や、Amazonの返品ポリシー適用外などの理由で返品を受けつけないと判断した場合は、「返品リクエストを終了」します。購入者から返品してもらう必要がない場合は、速やかに返金対応を行うことができます。

### ●購入者都合の返品

出品者にまったく落ち度がなく、100%購入者都合の返品でも、商品が未使用・未開封の場合、商品到着後30日以内であれば返品を了承しなければなりません。しかし、出品者から購入者への送料と、返品にかかる送料は購入者の負担になります。商品が返品されたら、出品者は代金から送料を差し引いた金額を購入者に返金します。

また、到着後30日を超えた返品の場合も、商品が未使用・未開封なら返品を承諾する必要がありますが、返金額が20%減額されます。

## 購入者への任意支払

購入者に対して、注文代金とは別に支払いを行いたい場合、「任意支払」ができます。たとえば返品の送料を出品者持ちにする、差額分の返金をする、出荷ミスなどに誠意を示す場合などに使えるシステムです（図3）。

任意支払をした場合の金額は、出品者アカウントの売上から差し引かれます。任意支払は、セラーセントラルの注文管理ページで行います。

## 購入者から直接返品の連絡がきたら

Amazonでは出品者の連絡先をサイト上で公開しています。また、商品の送り状にも依頼主の電話番号の記入欄があります。そのため、Amazonのシステムを通さずに直接、電話やメールで連絡があることも少なくありません。

その場合は、購入者にわざわざAmazonのシステムから連絡を取り直してもらわなくても大丈夫です。むしろ購入者と直接コミュニケーションを取れたほうが、話もこじれず、円満に解決できることがあります。

購入者から直接連絡があった場合は、お互いに納得のいく解決策を見つけ、返品の場合は着払いで発送してもらうなどの配慮をし、トラブルに発展しないように努めましょう。システムから返品リクエストされなくても、任意支払の手順で返金が可能です。

### Column 出荷作業期間は変更できる

Amazon では、注文が入ってから出荷するまでの期間は、通常2日以内と設定されています。しかし、自分で出荷作業時間(リードタイム)を変更することで、最長30日まで出荷期間を延長することができます。

リードタイムの変更は、セラーセントラルの在庫管理ページで行います。

図3

| | 返金 | 任意支払 |
|---|---|---|
| 使用目的 | 出品者 ⇄ 購入者<br>商品が返送・キャンセルされた場合に代金を返す | 出品者「間違えたのでお金を返します!」→ 購入者「色違いのものが届いたけど、まあいいや」<br>・購入者に誠意を示す(上図)<br>・返送費用を出品者が負担する |
| 金額の上限 | 返金 ≦ 商品<br>商品の値段が上限<br>(部分返金も可) | 12000円 |

# Chapter 3
# 商品を増やそう！

- 不用品を出品しよう
- 商品を仕入れよう
- ヤフオク！やメルカリで仕入れよう
- 家電量販店で仕入れよう
- ハンドメイドで商品を作る
- コンスタントに売上を確保するには

# 不用品を出品しよう

慣れるまでは、自宅にあるものを処分も兼ねて出品してみよう。

## まずは自宅にあるものを売ろう

出品に慣れるのに最適なのは、自宅にある不用品を出すことです（図1）。自宅にあるものなら、仕入れの元手もかからず、古物商許可も必要ありません。Amazonのカタログに登録されているものであれば、すぐに出品できます。

取りかかりやすいのは、CD、DVD、ゲーム、書籍類です。これらのカテゴリーで不要になったものがあれば、ぜひ出品してみましょう。

たとえばマンガなどは、全巻セットで販売すると需要が高まり、高値で売れることがあります。マンガに限らず、セット商品はある程度の重量になるので、自宅まで届けてくれるインターネット通販の需要が高い商品です。

出品するものを決めたら、注文が入ったときに慌てないように、購入者にどのような方法で発送するかを想定しておくことも大事です。

## 出品時に確認するポイント

### ●相場価格とランキング

出品したい商品が決まったら、Amazonでその商品のページを探します。商品ページではいろいろな情報が得られるので、出品する前に確認しておきましょう。たとえば、中古品の出品者数、中古品の相場価格、Amazonの売れ筋ランキングなどです。

また、価格設定の際は、同程度のコンディションのものを目安にします。あまり相場価格とかけ離れないように注意しましょう。

Amazonの売れ筋ランキングは、同じカテゴリー内の人気度を表しています。基本的には、ランキングが高ければ当然売れやすく、低いほど売れにくい商品になります。

### ●ライバルの数

不用品の場合は必ず中古になるので、同じ中古品の出品者数は、つまりライバルの数です。ライバルが多ければ、どうしても商品が売れにくくなります。

## 購入物以外の不用品

不用品といっても、店舗で購入したものとは限りません。販促品としてもらったものや、コンビニのくじの景品、クレーンゲームの景品、映画のパンフレットなど、いずれもAmazonに出品可能です。

気になるものがあれば、Amazonに商品が出品されているか調べてみましょう。意識する商品の幅を広げてみることで、意外な売れ筋が見つかるかもしれません。

図1

不用品の例

CD

DVD



書籍・雑誌類

コンビニくじの景品

クレーンゲームの景品

映画のパンフレット

# 商品を仕入れよう



## 売るための商品を買う

自宅の不用品販売で出品に慣れたら、今度は商品を仕入れてみましょう。インターネットや実店舗、ハンドメイドなど、さまざまな仕入れ方法がありますが、その前に知っておくべきことを解説します。

## 仕入れ値の計算

商品を仕入れる場合、**仕入れ値の上限**をあらかじめ意識しておきましょう。買ってから売値を考えるのではなく、あらかじめ売値と利益額を決め、そこから仕入れ値を見積もることが大切です。考え方としては、次のように仕入れ値を計算します。

売値－販売手数料－送料－利益<br>＝仕入れ値

最初に売値を決めておくのは、Amazonの相場を確認すれば簡単です。**利益まで決めておかないと、仕入れ額がぶれてしまい、安定した収益を得られなくなってしまいます。**

## 仕入れ時に注意するポイント

家電の場合、製品は一緒でも**型式番号**が違うものがあります。Amazonに出品されている商品と同じ型番かどうか、購入前にきちんと確認しないといけません。

また、Amazonでは、ゲームのプロダクトコード(限定アイテムなどが手に入るコード)など、**初回特典つきの商品と通常品で別々の価格が設定されていることがあります**（図2）。初回特典つきの商品を仕入れたい場合は、必ず特典がついているか確認してから購入するようにしましょう。

図2

画像にマウスを合わせると拡大されます

エルダー・スクロールズ・オンライン 日本語版 (初回限定版) 購入特典付き

DMM GAMES

**プラットフォーム：** Windows, Macintosh

49件のカスタマーレビュー

参考価格: ~~¥ 12,744~~

価格： ¥ 9,729 **通常配送無料** 詳細

OFF: ¥ 3,015 (24%)

在庫あり。 在庫状況について

住所からお届け予定日を確認 既定の住所を使用 詳細

**9/13 火曜日** にお届けするには、今から12 時間 46 分以内に「お急ぎ便」または「当日お急ぎ便」を選択して注文を確定してください（有料オプション。Amazonプライム会員は無料）

この商品は、Amazon.co.jp が販売、発送します。 ギフトラッピングを利用できます。

購入形態・種類: **初回限定版**

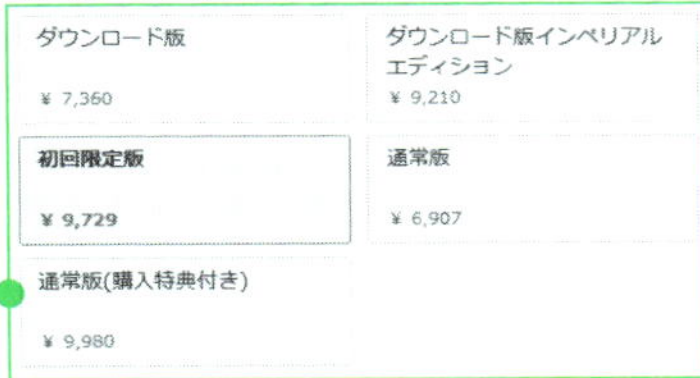


同じ商品でも、複数のバージョンがある場合に注意

- 数々の受賞歴を誇る RPGシリーズ
- 特製インストーラーUSBメモリほか初回限定特典
- 初回限定版インゲームアイテム(騎乗動物ほか)

新品の出品：6 ¥ 9,729より

**PCゲームDL週替わりセール 今週は「Mighty NO.9」ほかDeep Silverのタイトルが多数、最大80%OFF**

2016/9/16(金)9:59までの期間限定 今すぐチェック。

## Column アカウントを育てる

稼ぐために利益を追い求める姿勢は大切ですが、初めのうちは利益を考えすぎるとプレッシャーになってしまいます。慣れるまでは不用品などを出品して、経験を積みながらストア評価を上げることを目標にするのをおすすめします。

焦らずに長期的な展望で考えて、購入者一人一人からのよい評価を積み重ねていき、アカウントを育てていくという心構えが大事です。

Amazonの出品用アカウントも普通のお店と同じで、評価が上がれば繁盛し、低評価だとお客様が来てくれません。詳しくはChapter4で解説しますが、Amazonでは満足のいく評価は「星４つ以上（５段階中４）」です。高評価をたくさん集められるように努めましょう。

# ヤフオク!やメルカリで仕入れよう

誰でも手軽に仕入れができるサイトは、この2つ!

## インターネットで手軽に仕入れる

Amazonに出品する際の仕入先として手頃なのは、インターネットを利用する方法です。利益が出る価格で買い入れできれば、どこから仕入れても構わないので、購入者としても参加しやすいヤフオク!やメルカリなどのサイトは便利です（図3）。また、販売ルートとしても使えるので、操作に慣れておいて損はありません。

これらのサービスは気軽に参加できるので、利益を得るためではなく、不要品を処分する目的で利用する人も多く、根気よく探すと相場より安い掘り出しものが見つかることがあります。

## ヤフオク!仕入れのポイント

### ヤフオク!のしくみ

Introductionでも触れましたが、ヤフオク!はインターネットを利用したオークションサイトです。最安1円からでも出品可能で、入札が入るたびに価格が高騰していきます。入札数が増えると目立ち、より多くの集客を期待できるというシステムなので、**あえて市場価値よりも安値で出品されていることがよくあります。**

### ヤフオク!仕入れの利点

ヤフオク!仕入れの場合は、このしくみが狙い目です。出品者が最低落札価格を設定していない場合、出品期間中の最高値なら、どんなに安くても落札できてしまうからです。

## メルカリ仕入れのポイント

### メルカリのしくみ

メルカリは、スマホで簡単に売り買いできるフリマアプリです。スマホのカメラで撮影した画像で気軽に出品できるなど、少ない手間で気軽に出品できます。

販売手数料はありますが、月会費がないので、利用していないのにお金がかかるということはありません。そのため、ヤフオク!よりもっと簡単に不用品を処分したい人が参加している可能性が高いマーケットです。オークションではないので、即決で取引できるのも魅力です。

### メルカリ仕入れの利点

右記の理由から、利益度外視の価格がついている商品が狙い目になります。比較的新しいサービスなので、Amazonやヤフオク!よりも相場ができ上がっていないのもチャンスです。

また、メルカリでは値下げ交渉が頻繁に行われるのも特徴の1つです。インターネット上のフリーマーケットがコンセプトなので、交渉しやすい環境になっています。

図3

| サービス名 | 特徴 |
|---|---|
| ヤフオク! | ・入札数を増やすため、スタート価格を低く設定している人が多い<br>・入札ツールを活用できる |
|  <br>メルカリ | ・スマートフォンで操作<br>・不用品を処分する人が多い<br>・値下げ交渉がしやすい |

## ヤフオク！／メルカリ仕入れに向いている商品

### 新品を狙うのが安全

ヤフオク！やメルカリの仕入れは、主にゲームや家電などの未使用品を入手したいときに向いています。古物商許可を持っている場合は、コミックや中古商品もジャンルとしてはおもしろいですが、基本的には新品で未使用・未開封の商品を狙ったほうが安全です。

ヤフオク！やメルカリで商品を探すときには、「新品」や「未使用」といったキーワードで検索すると、効率的に仕入れ対象をリサーチすることができます。

### ブランドものは避ける

逆に、仕入れに向かないのはアパレルや時計などのブランド品です。ヤフオク！やメルカリで販売されているものは、必ずしも正規品とは限りません。また、Amazonでは基本的に有名ブランド品は出品できないので、仕入れ商品の選定時には注意しましょう。

## ヤフオク！入札ツール

ヤフオク！での商品仕入れには、無料ツールの「BidMachine」が便利です（図4）。BidMachineには、自動入札機能、複数オークション管理用のグループ分け、入札状況を把握しやすいリスト表示、さらに条件検索や通知機能があります。

仕入れにも便利な機能として、オークション終了時間の直前に自動入札する設定もできます。これを利用することにより、事前に入札するよりも競争者を少なく見せられるため、狙った商品を落札できる可能性が高くなります。

さらに、複数のユーザーが同時にアクセスできるので、リスト収集や入札などの作業を、ほかのスタッフや外注先と共有できるのもメリットです。

BidMachine
URL http://lafl.jp/bidmachine/

図4

図5

ヤフオク！／メルカリ仕入れのポイント

ポイント1　新品を狙う

ポイント2　ブランドものは避ける

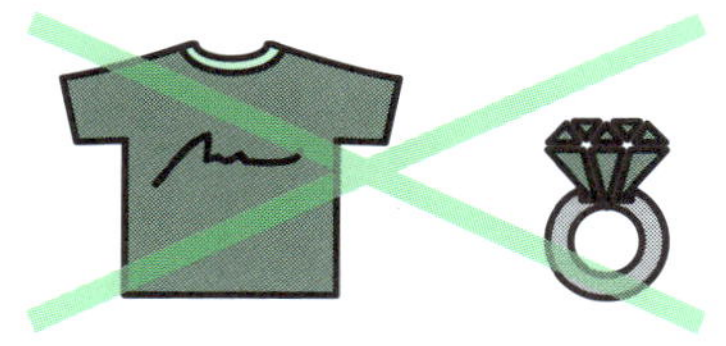

ポイント3　個人の処分品を狙う

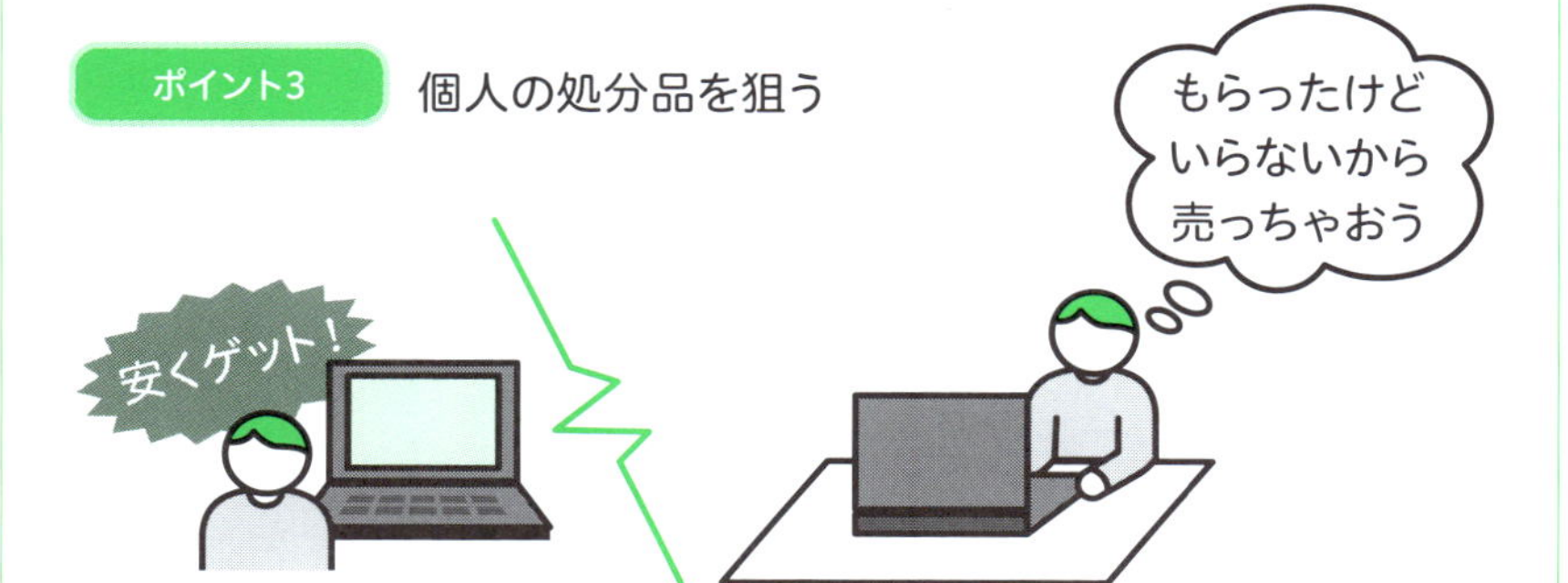

# 家電量販店で仕入れよう

## 店舗なら家電量販店が仕入れやすい

初心者でも比較的仕入れやすい実店舗は家電量販店です。全国各地に存在するので、訪れやすいでしょう。また、新品商品をターゲットにするため、古物商許可も必要ありません。家電を扱う転売のことを「家電せどり」と呼ぶことがあります。

## 家電せどりの注意点

利益が出れば、仕入れるものは何でも構いませんが、サイズや重さには気をつけてください。商品の3辺が「45×35×20cm以上」または「9kg以上」の場合、Amazonでは大型商品に分類され、FBAを利用したときの出荷手数料が割高になってしまいます。

家電量販店は商品数が多いので、利益が取れる商品かどうかを1つずつ探すとなると、途方もない時間がかかります。価格調査ツールをあとで紹介するので、事前にリサーチしておくことをおすすめします。お店を見てまわると、どうしてもある程度は時間がかかるので、効率よく見つけられる準備をしてから出かけましょう。

## プライス札を確認する

プライス札に着目すると、通常売価の白い札や、特別価格の黄色い札など、いくつか種類があることがわかります（図6）。

中でも注目すべきは、手書きのプライス札です。これは店舗が緊急で設定した価格の可能性があるので、ほかの商品に比べて安い可能性が高いです。手書きのプライス札を見つけたら、Amazonの価格と比較して、利益を出せそうかチェックしましょう。

また、「展示品限り」や「台数限定」などのプライス札も狙い目です。これらの表示がしてある場合でも、お店に新品未開封の在庫がある場合があるので、気になる商品があれば店員さんに聞いてみましょう。注意が必要なのは、本当に展示品を仕入れる場合です。展示品は中古扱いになるため、古物商許可が必要になります。

## 値段交渉で安く仕入れ

値段交渉を行う場合は、まず、値引きできる権限を持っている役職の店員さんを見極めることが重要です。通常、値引き権限を持っているのは正社員の主任クラス以上で、ネームプレートや腕章などで見分けることができます。「専門相談員」などと書いてある腕章をしている店員さんを見つけたら、役職をストレートに尋ねてみましょう。

また、腕章に「エアコン説明員」や「空気清浄機説明員」といったカテゴリーが書いてある人は、特販責任者

図6　プライスカードを見分けよう

| 種類 | プライスカードの内容 |
| --- | --- |
| お買い得品 19,800円<br>白 | ・通常の売値<br>・他店と比べて、値下げできないか確認 |
| 超特価 17,800円<br>黄 | ・特別価格<br>・販売に力を入れている<br>・他店と価格競争になっている |
| 大処分！ 12,000円！<br>手書き | ・緊急に設定した価格など<br>・タイムセールの目玉商品<br>・新モデルが出る前の処分品 |

と呼ばれます。正社員の管理職と同様に、値引きに応じてくれる可能性が高いです。

**値段交渉は、近隣の競合店舗のプライス画像や、レシートを掲示しながら行う**と効果的です。まとまった数量を購入することを条件に値引きしてもらえる場合もあります。

値引きが難しそうな場合は、ポイント還元の交渉をするとよいでしょう。家電量販店での仕入れを継続していくのであれば、結果的には値引きしてもらったのと大差ありません。

## セールを狙う

家電量販店ではセールもよく開催されています（図7）。ただし、それが本当にお買い得とは限りません。客を呼び込むための演出ということもありえます。

タイムセールを狙う場合は、**朝一番か17時以降**がおすすめです。朝一番は目玉商品が売り切れる前に購入できる可能性が高く、17時以降は店舗が当日中の売上確保のために安価で売りさばく可能性があるからです。

また、土日祝日はお店が集客のために目玉商品を用意して、限定セールを行うことがあります。集客のために、お店側も利益を度外視した価格で販売することがあるので狙い目です。

## ワゴンセールを狙う

ワゴンセールの商品は、棚替えのための在庫処分品なので、相場の価格よりもかなり割引されていることが多く、比較的利益が出しやすい商品といえます。

ただし、**在庫処分品は人気が薄く、値崩れを起こしているものも多い**ので、仕入れる前にしっかりとAmazonのランキングや価格をチェックしましょう。

## 価格に注目して仕入れる

まれに、「2980円」や「3980円」のようなよくある価格ではなく、「2000円」や「3000円」のようにキリのいい値付けがされている商品があります。

このような価格の商品は、処分品として扱われている可能性が高いです。見かけた場合はチェックしてみてください。

## 実店舗で使える価格調査ツール

Amazonとの価格差を調べるの

図7

## セールを狙おう

| 種類 | セールのポイント |
| --- | --- |
| 今だけ！ タイムセール | ・朝一番と17時以降がチャンス<br>・土日の目玉商品がお得 |
| ワゴンセール | ・処分品なのでかなり安い<br>・人気がない商品もあるので注意 |

に、いちいち商品名を入力するのはとても面倒な作業です。しかし、せどり専用に開発されたツールを利用すれば、面倒な手間も一掃することができます。

iPhoneの場合は「せどりすと」、アンドロイド端末なら「せどろいど」（図8）というアプリがおすすめです。

これらのアプリでは、スマホのカメラで商品のバーコードを読み込むだけで、Amazonの販売価格やランキングがわかります。さらに、売れ方のグラフを見たり、FBAを利用したときの粗利計算までしてくれたりするので、作業効率が一気にアップします。

実店舗へ仕入れに行く場合には、このようなツールをインストールしてから向かうようにしましょう。Chapter5でも分析ツールを紹介しているので、ぜひ参考にしてください。

図8

せどりすと

URL https://itunes.apple.com/jp/app/sedorisuto/id497296369?mt=8

せどろいど

URL https://play.google.com/store/apps/details?id=org.orela.android.sedolist&hl=ja

# ハンドメイドで商品を作る

人気のハンドメイド。自分で商品を作れば、仕入れは心配無用！

## ハンドメイド商品は人気

Amazonでは、手作りの商品も出品できます。実は米国のAmazonでは、2015年10月に「Handmade at Amazon」という職人による手作り商品だけを扱うマーケットが開設されました。しかし、日本では同サービスはまだ開設されておらず、ハンドメイド商品はAmazonマーケットプレイスでひっそりと出品されています。

Handmade at Amazonは、オープン時には60カ国から8万点以上の商品が出品され、執筆時点では1日に数千点ペースの出品があります。ハンドメイド商品の市場にも大きな需要があることがわかります。

## 自分で作れば仕入れに困らない

裁縫が得意な人は、バッグ、エプロン、ぬいぐるみ、小物入れ、雑巾など手作りのものをAmazonに出品しても面白いかもしれません。

材料が手に入らないことは考えにくいので、商品の仕入れに困ることはなさそうです。作るものによりますが、100円ショップで仕入れられるものも多いでしょう。

ビーズで作ったアクセサリーや、陶器類、紙製のおもちゃなど、手間さえかければ**アイデア次第で商品がどんどん生まれます**。

Amazonで出品されている面白いものでは、似顔絵やポエムなどもあります。これらは画力や才能が必要なので、誰でもできるというものではありませんが、腕に自信があればチャレンジしてもよいでしょう。

また、松ぼっくりや流木など、**無料で手に入りそうなものも出品可能**です。これらのものはインテリア用途や、ハンドメイドの素材として需要があります。

## 製品コード免除の許可申請

ハンドメイド商品のように、商品にJANコード（GS1事業者コード）などがない場合は、Amazonから製品コード免除の許可をもらう必要があります。セラーセントラルで「製品コード免除」と検索して、「製品コード免除の許可」から申請できます（図9）。

図9

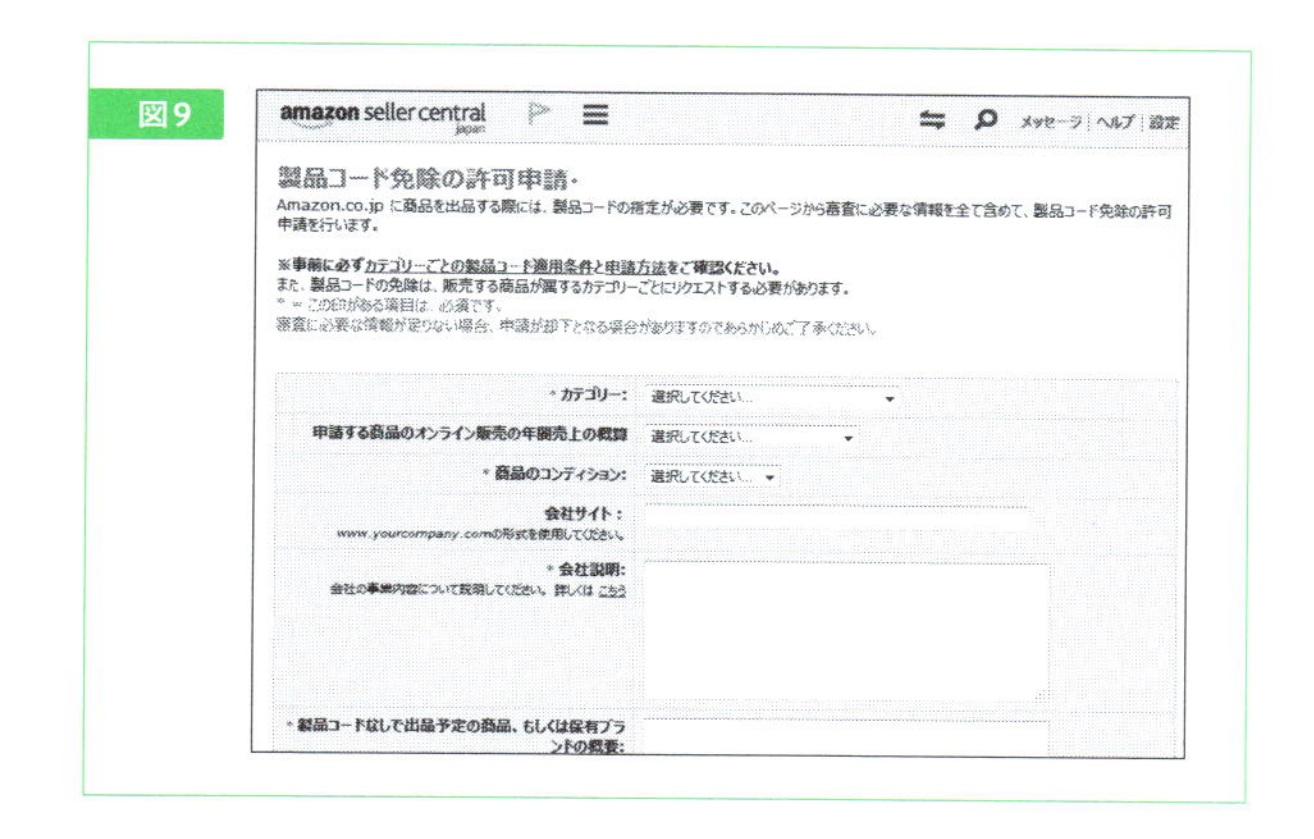


図10

ハンドメイドで売れるもの

生活用品雑貨など

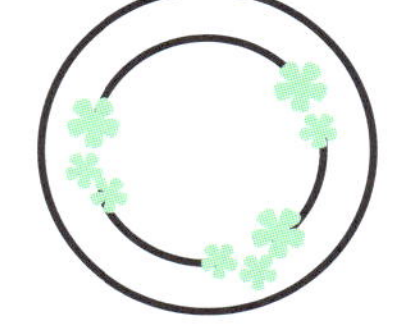

アクセサリー、陶器類など

絵画、イラスト、<br>小説、詩など

流木や松ぼっくりなど<br>インテリアになるもの

# コンスタントに売上を確保するには

## 安定した仕入先を持つ

コンスタントに売上を継続するためには、やはり利益が計算できる安定した仕入先を持つのが一番重要なポイントです。

仕入れ方法は本書に紹介した限りではありませんが、ヤフオク！でもメルカリでも実店舗でも、何か自身が得意とする方法を1つ見つけるようにしてください。

また、**一度売ってみて利益が出た商品は、リストを作ってリピート発注**しましょう。Amazon販売で売上を増やしていくには、利益が取れる商品を繰り返し販売していくのが基本です。

## 得意なジャンルを持つ

### ●商品知識はとても大切

仕入れ方法の得意分野とは別に、扱う商品の得意ジャンルも見つけましょう。たとえば、音楽に関心がある人なら、どのような音楽やミュージシャンが流行っているか、どんなCDがプレミアになっているかなどの知識を自然と持っているものです。

物販をするにあたっては、**商品知識を持つ**ということがとても大切です。商品知識があれば、市場が求めているものを把握することができ、相場観もあるので、仕入れでも失敗しにくいからです。

### ●興味のないものを無理して扱わない

逆に、自身があまり得意でないジャンルに手を出してしまうと失敗しがちです。

たとえば、車に興味がなく、免許も持っていない人がカー用品を扱うとしたら、かなりハードルの高いものになります。購入希望者におすすめを聞かれても、答えることができません。

特にファッション好きではない男性が女性服を扱うのも至難の業です。仮に雑誌を参考に商品を集めたとしても、使用感まではわからないので、問い合わせに満足のいく回答をする

図11

コンスタントに商品を売るには

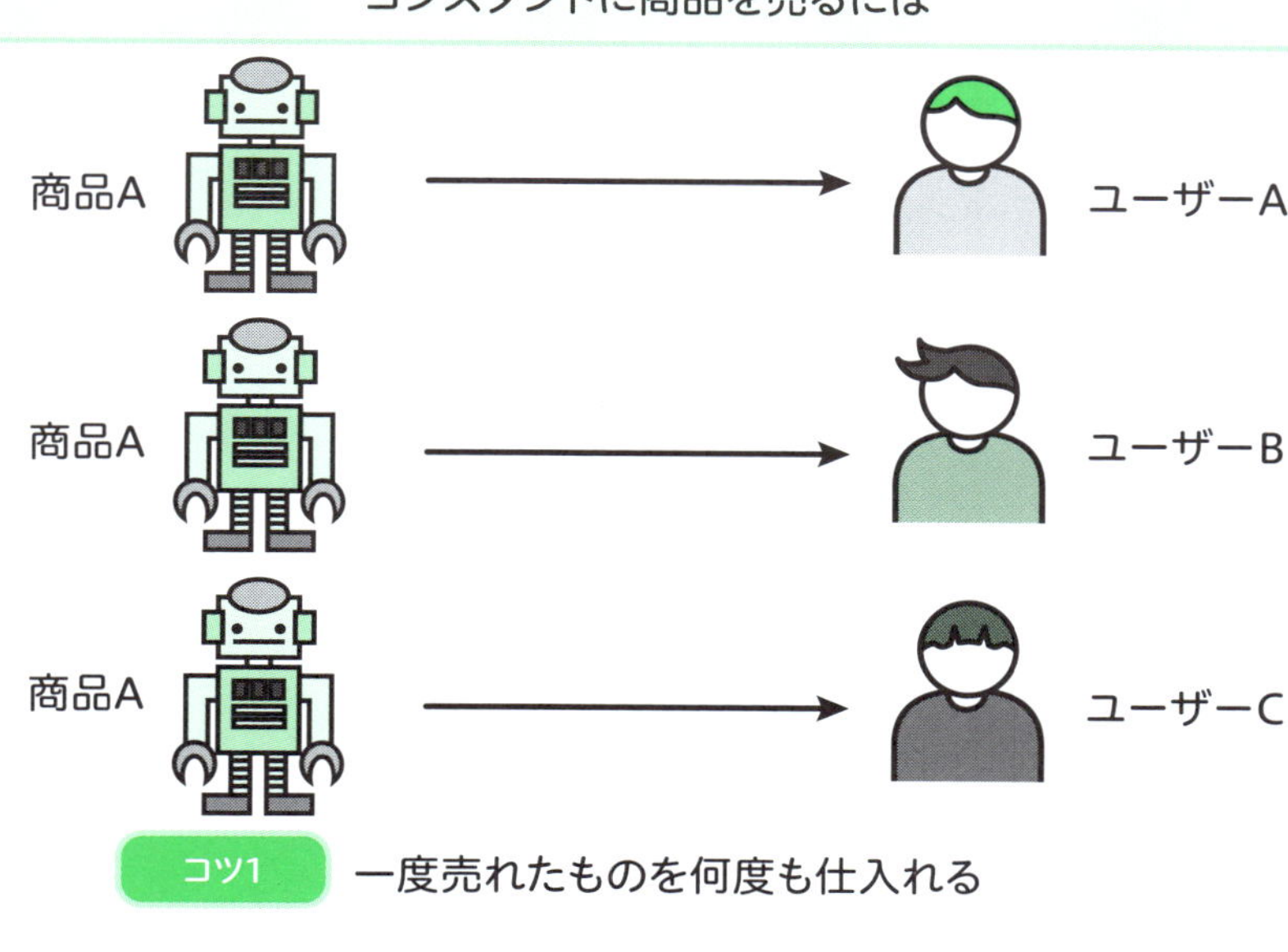
商品A
ユーザーA
商品A
ユーザーB
商品A
ユーザーC
コツ1
一度売れたものを何度も仕入れる

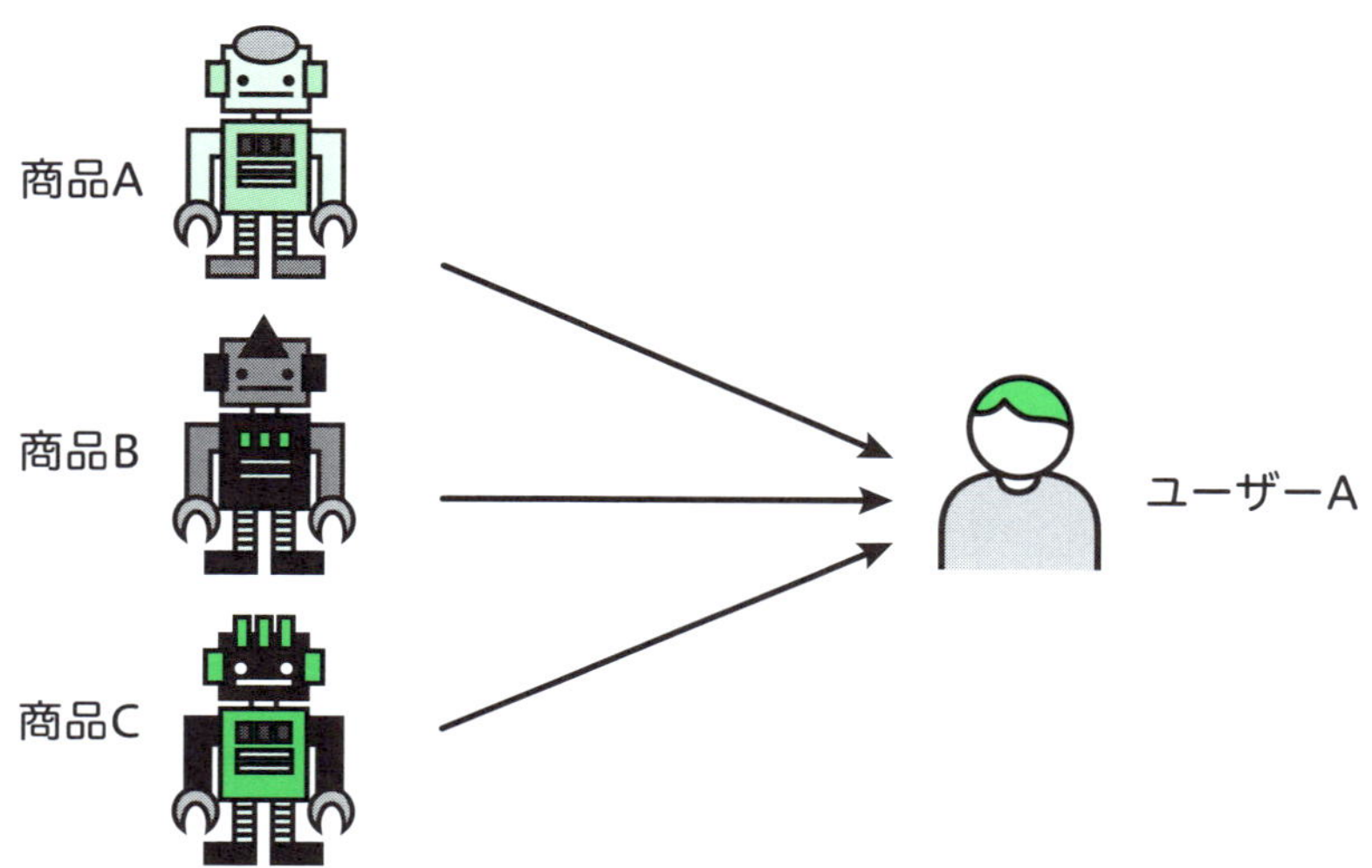
商品A
商品B
商品C
ユーザーA
コツ2
一度買った人に続けて買ってもらえるようにする

のは難しいでしょう。

　購入者は当然、出品者は販売している商品の知識を持っているものだと思っています。多少なりとも商品についての説明ができるものを扱うようにするべきです。

## 商品の出荷方法

　Amazonでショッピングをする人の多くは、すぐに商品を手にしたいという人たちです。注文が入ったらすぐに発送できる準備をしておくことが大事です。自分で発送する商品なら、**梱包した状態で保管しておくのも1つの方法**です。

　また、Amazonである程度稼ぎたいのであれば、やはりFBAの利用も考えるべきです。FBAは、発送スピードや梱包の丁寧さに優れ、さらに返品・返金対応まで代行してくれるので、出品者は商品の仕入れのみに集中できます（詳細はChapter4）。

## 出品者パフォーマンスの維持

　購入者から選んでもらえる店舗になるためには、顧客満足度の高いストア運営をしなければなりません。

　頻繁に出品者都合で注文をキャンセルしたり、出荷を遅延したりするようでは、購入者の満足度が高いサービスを提供しているとはいえません。購入者からの質問の回答時間に関しても、24時間以内に対応をして放置しないことが大切です。

　Amazonで売上を伸ばすコツは、売れる商品を繰り返し販売することだと書きましたが、**一度買ってくれた購入者に繰り返し買ってもらうこと**も、同じようにポイントです（図11）。リピーターになってもらえるような、満足度の高い対応を心がけましょう。

### 売上を安定させるポイント

- 利益の出た商品を繰り返し仕入れる
- 得意ジャンルを見つけ、苦手なものには手を出さない
- FBAを利用する
- リピーターになってもらえるように、全員に丁寧な対応をする

# Chapter 4
# 売上アップのポイント

- お客様対応は大切にしよう
- 出品者パフォーマンスを維持するために
- FBAを活用しよう
- 売上効果大！カートボックスを獲得しよう
- Amazonポイントをうまく使おう
- 商品紹介コンテンツを編集しよう
- Facebookで集客しよう
- LINE@で集客しよう

# お客様対応は大切にしよう

## ストア評価を高める

売れるお店づくりをするためには、当然ながら購入者から支持される顧客満足度の高いストアにしなければなりません。購入者からの出品者に対する評価は、「**ストア評価**」として5段階の星の数を投票され、蓄積されていきます。

ストア評価はAmazonを利用するすべての人に公開されるので、売上にも影響を及ぼします。また、ストア評価が悪くなるとAmazonのショッピングカートボックス（後述）の獲得率に影響するだけでなく、出品アカウント停止などの措置を受けることもあるため、気をつけてください。

出品者である自身のためにもなりますが、商品を購入してくれる人のために健全なストア運営を心がけるべきです。

## 出品者パフォーマンス

### 3つの指標

Amazonでは出品者に対してパフォーマンスの指標を定めています。それは、**①評価、②Amazonマーケットプレイス保証の申請率、③返金率**の3つです。

目標として、出品者は3つの指標に対して表1の数値を維持することが求められます。①と②については、次の節で詳しく解説します。

### 目標未達はペナルティあり

これらの目標は、購入者への対応をきちんとしていれば決して難しい数値ではありません。

しかし、目標に満たないと、Amazonからパフォーマンスの改善を行うように通達されます。改善の余地があると判断された場合は、**30日の猶予つき**での通達が多いですが、極端に基準を下回っているときは、出品権限の一時停止や、権限取り消しになることもあります。Amazonから通達を受けたときは、速やかに問題点を見つけ出し、数値を回復させるように努めましょう。

表1 出品者パフォーマンスの目標値

| 項目 | 目標値 |
|---|---|
| 評価 | マイナスの評価（星1～2）が評価全体の5%以内 |
| Amazonマーケットプレイス保証の申請率 | 注文全体の0.5%未満 |
| 返金率 | 1カ月の返金率が当月の受注数の5%未満 |

## 顧客満足指数

顧客満足指数とは、購入者の満足度についてさまざまな視点のデータから分析したものです。出品者パフォーマンスとは別に目標が設定されているので、下回らないように気をつけなければなりません。

セラーセントラルの顧客満足指数ページでは、**注文不良率、出荷前キャンセル率、出荷遅延率、返品の不満足度、ポリシー違反、回答時間**という6つの基準で、アカウントの健全性をチェックしています。

このうち、注文不良率、出荷前キャンセル率、出荷遅延率は表2の目標を維持する必要があり、改善が見られない場合は出品者パフォーマンス未達と同様の処分をされることがあります。

表2 顧客満足指数の目標値

| 項目 | 目標値 |
|---|---|
| 注文不良率 | 1%未満 |
| 出荷前キャンセル率 | 2.5%未満 |
| 出荷キャンセル率 | 4%未満 |

# 出品者パフォーマンスを維持するために

## 星4つか5つの評価を目指す

前述のとおり、出品者パフォーマンスの指標の1つとなっているのが、購入者からのストア評価(図1)です。購入者は、注文履歴から出品者に評価をつけることができます。出品者は高い評価をつけてもらい、パフォーマンスの目標である「マイナスの評価が評価全体の5%以内」という数値を達成、維持しなければいけません。

評価は5段階の星の数ですが、**星4つと5つが高い評価**、3つが普通の評価、1つと2つは低い評価となります。特に、星4つか5つの高い評価をもらう必要があります。

## 評価をリクエストしよう

出品者に評価をつける義務はないので、取引に問題がなければあまり評価をしてくれません。逆に、取引に不満があった場合は低い評価を受けやすいものです。そのため、**問題なく取引が終了した購入者に評価をリクエストすることが重要**です。

評価リクエストは、セラーセントラルから注文管理ページへ移動して行います。購入者にはメールが送信されます。

商品が届いていないのに評価リクエストを送ると不快に思う人もいるので、商品が購入者の手元に届いたのを確認してから送るようにしましょう。

図1

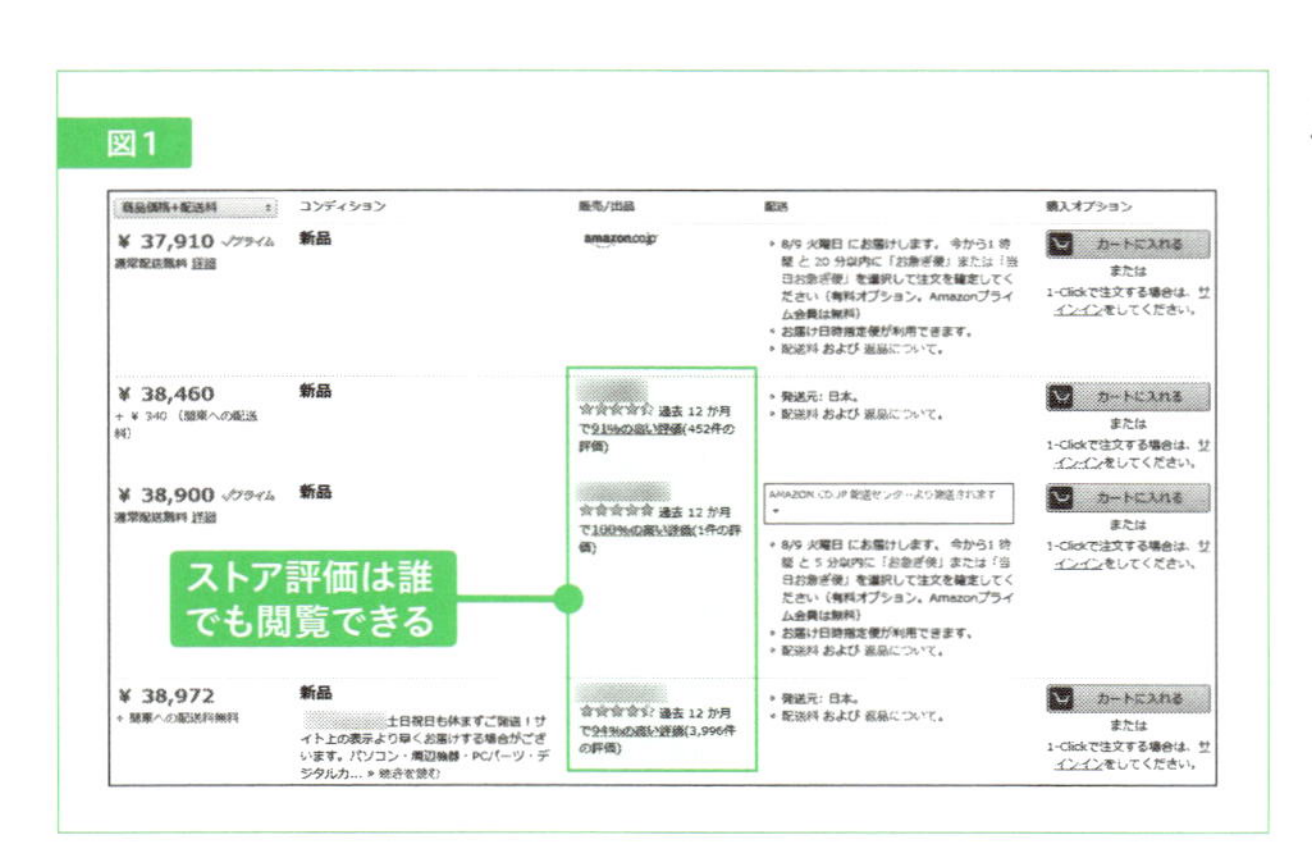

## Amazonマーケットプレイス保証

「注文した商品が届かない」「商品詳細ページとまったく違うものが届いた」などのケースでは、購入者は出品者に対して「Amazonマーケットプレイス保証」を申請できます。

購入者からAmazonマーケットプレイス保証申請があった場合、注文に関する詳細情報を7日以内にAmazonへ提出します。7日以内に出品者から返信がなかった場合は、Amazonは購入者の申請を受理し、規約にもとづいて申請された金額を出品者からマイナスして購入者に補償します（図2）。

Amazonマーケットプレイス保証は、出品者パフォーマンスの注文不良率に大きな影響を与えます。注文不良率が低下すると、カートボックスの獲得率が下がり、売上低下に直結します。さらに、出品アカウントの停止処分を受けることもあります。

ただし、Amazonのポリシーに則った顧客対応や返品対応をしていれば、基本的に保証の申請を受けることはありません。まとめると、Amazonマーケットプレイス保証が適用されるのは、次のいずれかの場合です。

適用されるケース
- 商品が届かない
- 商品ページの情報と異なるものが届いた
- 返金が実行されない
- 返品を拒否された

図2

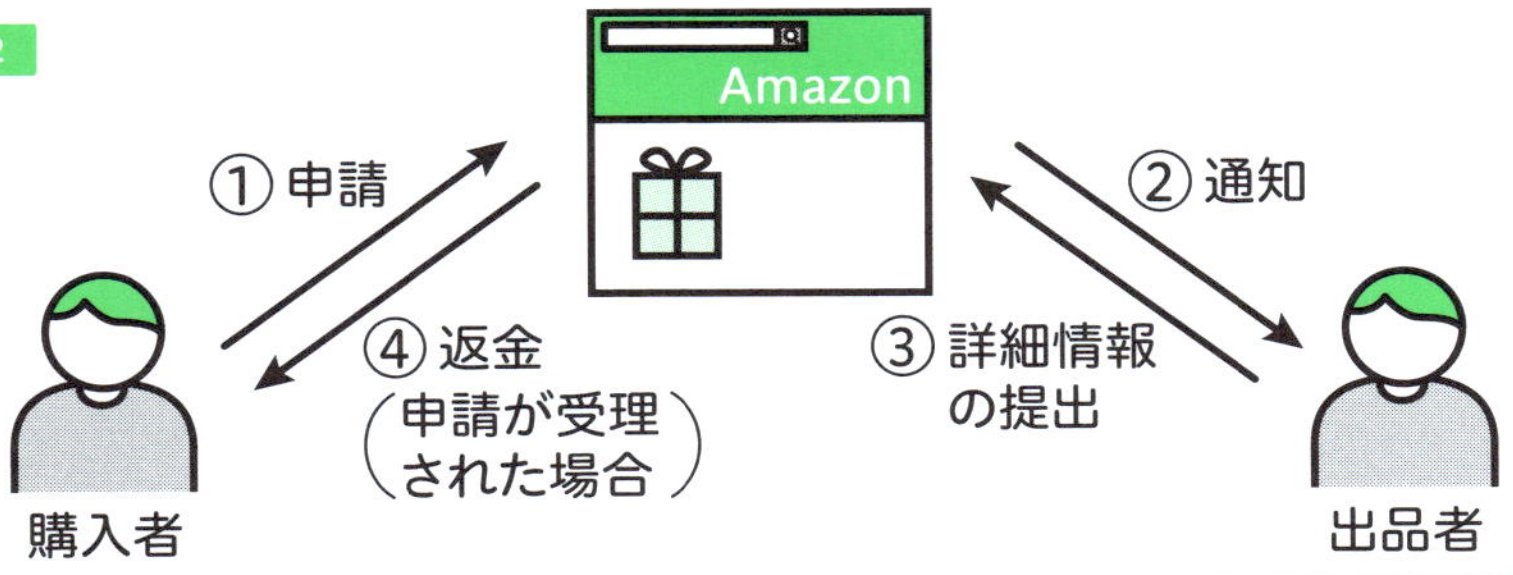

Amazonマーケットプレイスの保証の流れ

# FBAを活用しよう

売上が増えてきたら、FBAで一気に効率アップ!

## 出品者も購入者も便利で安心

Amazon販売が人気である理由の1つに、フルフィルメントby Amazon（FBA）の存在があります。前述のように、FBAを利用すれば、出品者は受注管理、出荷作業、出荷後のカスタマーサービスをすべてAmazonに委託することができ、手間と時間を一気に圧縮できます。

購入者から見ても、国内送料無料、Amazonプライム、ギフトサービスが適用されるうえ、配送品質なども安心です。売上を伸ばしたいなら、ぜひ活用したいサービスです。

## 出品者にとってのメリット

### Amazonプライムの対象になる

FBAを利用した商品はAmazonプライムの対象になります。商品ページに最短のお届け日が明記されるので、購入されやすくなります。

### カートボックスを獲得しやすい

同一商品に複数の出品者がいる場合、その中の1人だけが「ショッピングカートボックス」（図3）を獲得することになります。FBAを利用している商品のほうが獲得しやすく、また、出品者一覧ページでも自己発送の出品者と比較して有利な位置に表示されやすくなります。

つまり、FBAを利用するとAmazon内での露出が増え、選ばれやすい商品になります。

## FBAの料金

FBAの料金は①在庫保管手数料と、②配送代行手数料の2つから成り立っています。初期費用や固定費は不要で、シンプルな料金体系です（図4）。

料金の計算方法

在庫保管手数料＋配送代行手数料
＝FBA料金

図3

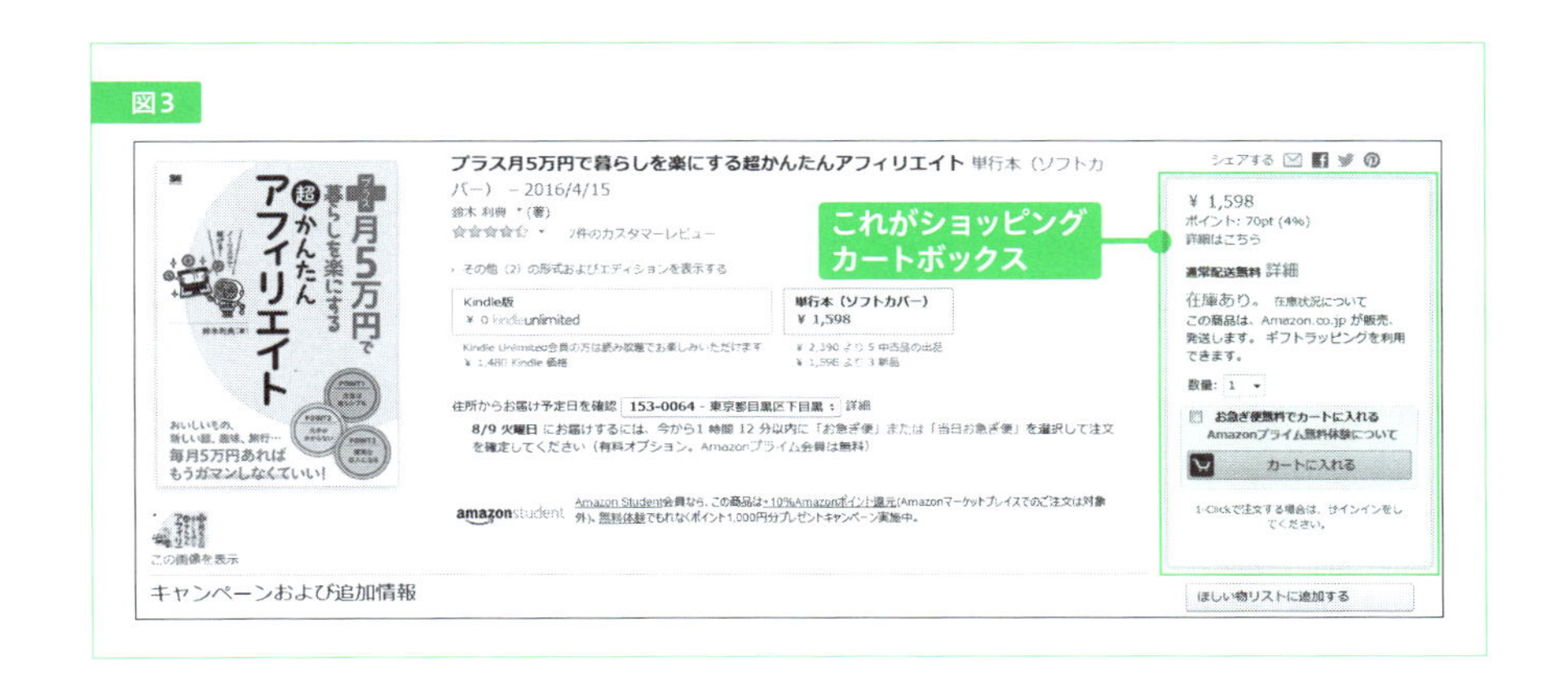


図4

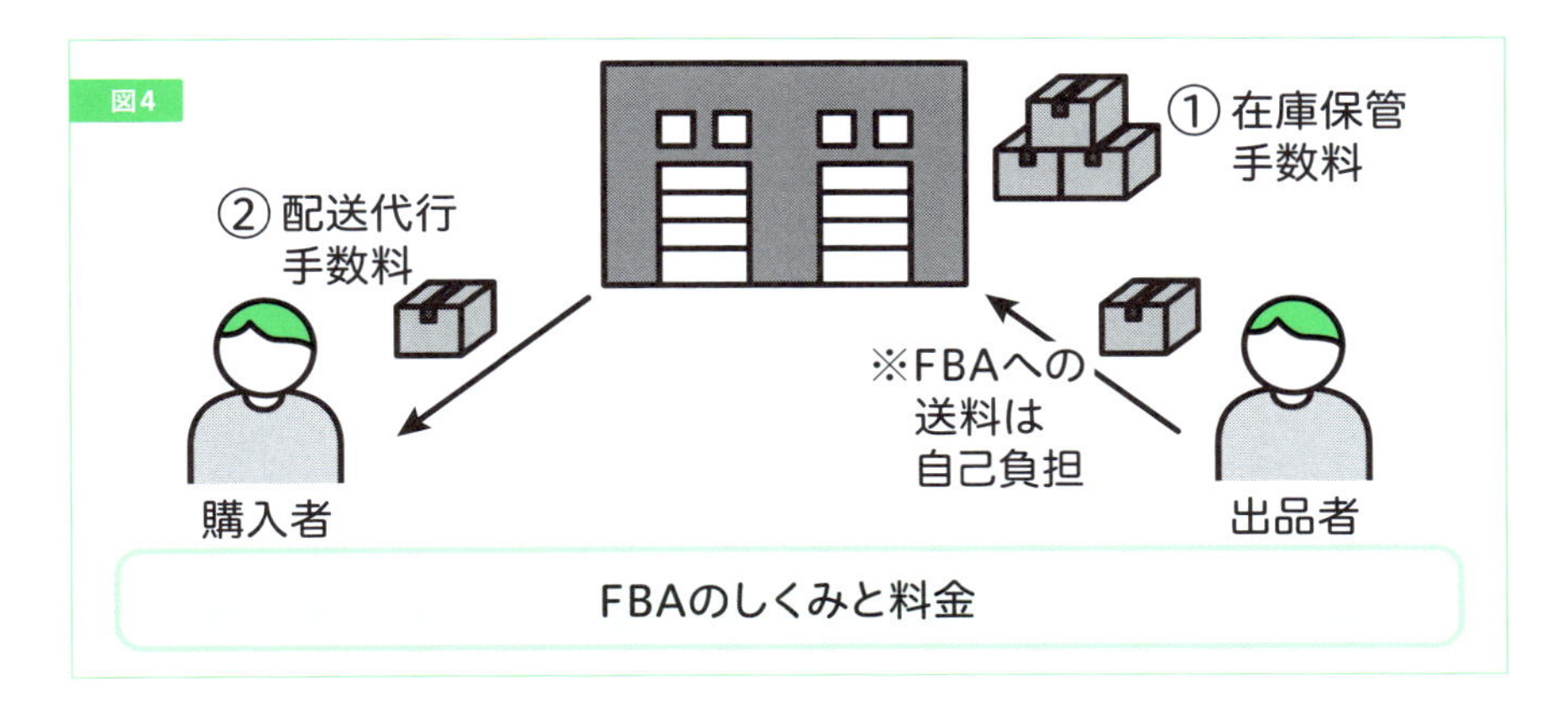


FBAのしくみと料金

## FBAに納品するとき必要なもの

FBAを利用する際には、Amazonの倉庫に商品を納品します。次のものが必要になるので、あらかじめ用意しておきましょう。

・プリンター
・ラベルシール
・ダンボール箱
・コピー用紙
・梱包テープ

## 納品の手順

### セラーセントラルの在庫管理画面に対象商品がないとき

FBAに納品するときは、セラーセントラルの在庫管理画面に対象商品があるかないかで方法が異なります。まず、対象商品の登録がない場合の方法を説明します。

納品したいものの商品ページを開き、「マーケットプレイスに出品する」ボタンをクリックすると、商品情報を入力するページに移動します。商品提供する配送オプションの項目で、「Amazonに配送を代行およびカスタマーサービスを依頼する（FBA在庫）」にチェックを入れると、FBA納品の手順に進めます。

### ●セラーセントラルに登録済みの場合

すでにセラーセントラルの在庫管理画面に商品がある場合は、商品にチェックをつけ、一括変更タブで「Amazonから出荷」を選択して、「納品手続きに進む」ボタンをクリックします。

### ●その後の手順

商品登録後の手順は同じです。図5にまとめたので、確認してください。

## FBA在庫の返送／所有権の放棄

### ●ムダな保管料をカット

FBAに納品した商品は、返送、もしくは所有権を放棄することができます。FBAは、在庫として置いておくだけでも保管料がかかります。欠陥品であることが判明した場合や、まったく売れない商品などにムダなコストをかけないよう、FBA在庫のチェックはこまめに行いましょう。

返送および所有権の放棄は、セラーセントラルの「FBA在庫管理」から行います。該当商品にチェックを入れ、ドロップダウンメニューの「返送／所有権の放棄依頼」という選択肢を選ぶと手続きできます。

返送の手数料は、小型・標準サイズは51円／個、大型サイズは103円／個です。所有権を放棄する場合は、小型・標準サイズは10円／個、大型サイズは21円／個となっています。

## Column 商品ラベルの貼り方

商品ラベルを自分で貼るときは、納品プラン作成の画面で、「ラベル貼付」を「出品者」に設定し、バーコードのデータをダウンロードします。ラベル用紙を購入して、印刷してください。バーコードはＡ４サイズに24面ついているので、自分でカットしてもよいですが、あらかじめ切れ目の入っている用紙を購入しておくと便利です。
納品する商品の製品コードがパッケージなどに印字されている場合は、製品コードが隠れるように上から貼りましょう。

図5

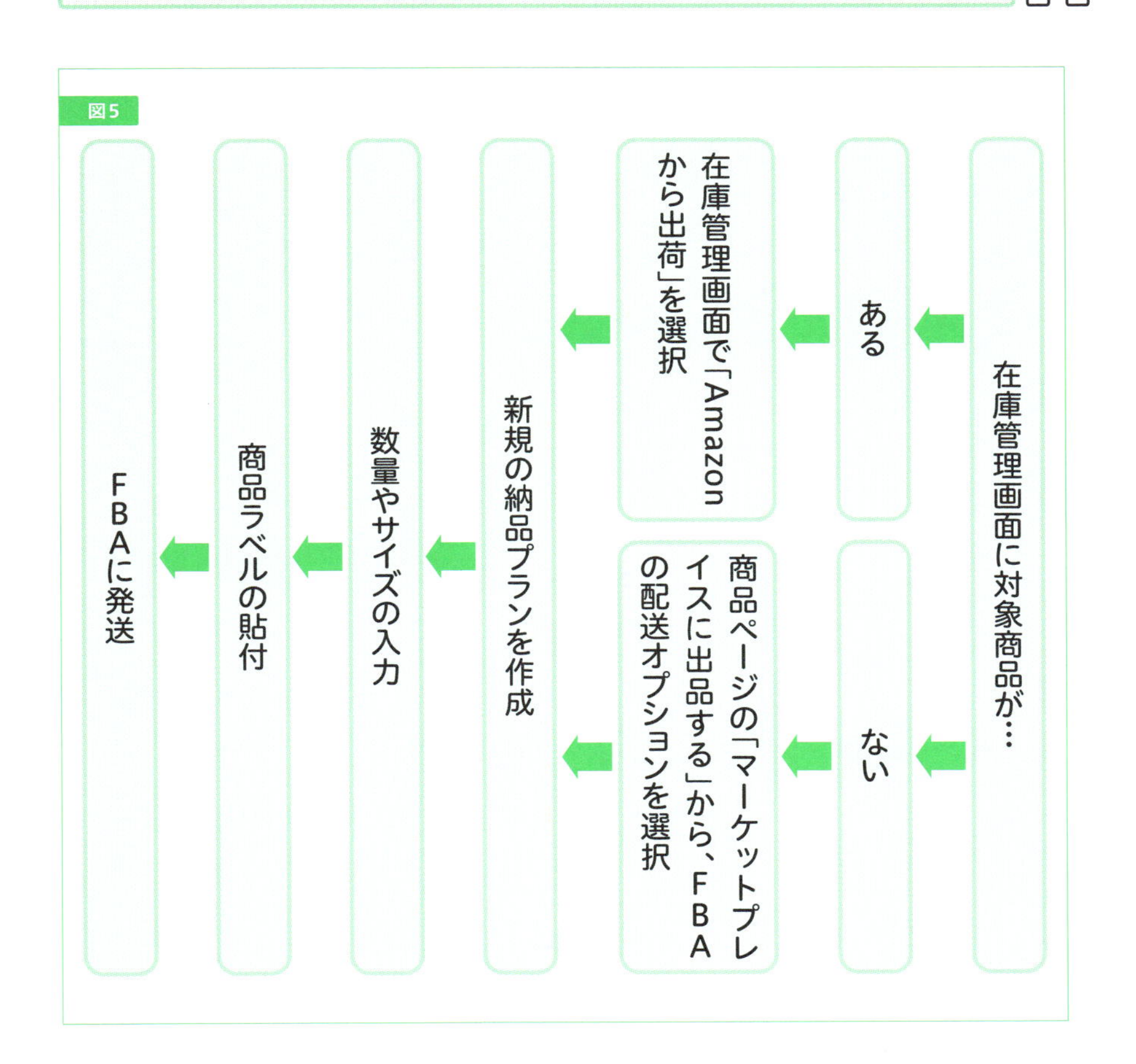

# 売上効果大！カートボックスを獲得しよう

## カートボックスは売上を左右する

Amazonでは「1商品につき商品ページは1つ」という決まりがあります。つまり、複数の出品者が同じ商品ページに相乗りで出品するということです。そうなると、前述のカートボックスを獲得することが売上に大きな影響を及ぼします。出品者は皆、このことを知っているので、「カートに入れる」ボタンの権利を取り合っています（図6の①）。

Amazonは獲得資格について明言していませんが、一定のパフォーマンスに到達している大口出品者のみに与えられるのは間違いないようです。

## 表示される場所をおぼえよう

獲得資格を満たしている出品者が複数いる場合は、その中から誰か1人が選ばれるわけですが、選ばれなくても、「カートに入れる」ボタンの下の「こちらからもご購入いただけます」の欄に表示される可能性があります（図6の②）。

どちらにも表示がないときは、「新品／中古の出品を見る」というリンク（図6の③）をクリックすると、ようやく出品者が表示されることになります（図7）。

購入者からすれば、商品のクオリティが変わらないなら、どの出品者から購入しても変わりません。わざわざ購入者が「新品／中古の出品を見る」というリンクを開いてまで選ぶことはほとんどないので、「カートに入れる」ボタンを取れるか取れないかで売上に雲泥の差が出ることもあり、是が非でも取りたいものになります。

## 獲得の条件

獲得要件として確実にいえることは、大口出品サービスを利用し、出品者パフォーマンスを高い水準に保つことです。ただし、商品カテゴリーによって基準が異なると思われ、

図6

GREAT BIG BERTHA
HOT LIST 2016
画像にマウスを合わせると拡大されます

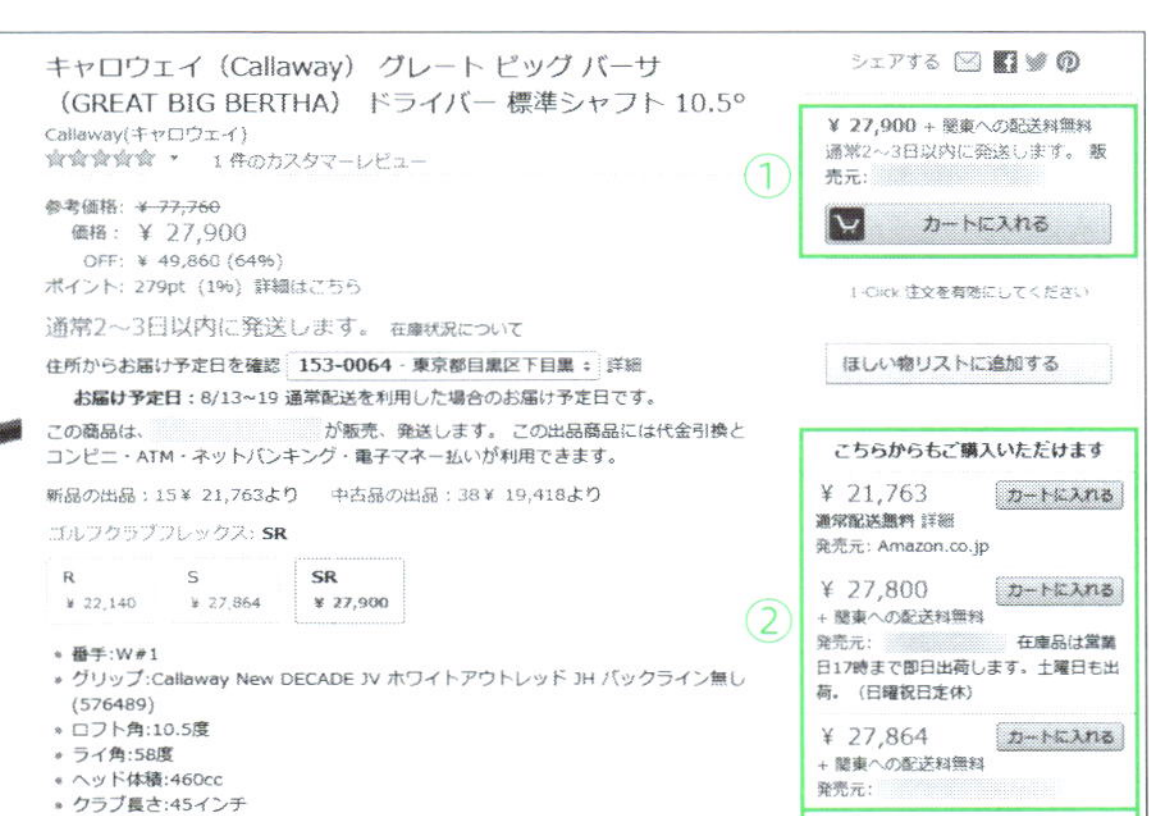
キャロウェイ（Callaway） グレート ビッグ バーサ（GREAT BIG BERTHA） ドライバー 標準シャフト 10.5°
Callaway(キャロウェイ)
1 件のカスタマーレビュー
参考価格： ¥ 77,760
価格： ¥ 27,900
OFF： ¥ 49,860 (64%)
ポイント： 279pt （1%） 詳細はこちら
通常2〜3日以内に発送します。 在庫状況について
住所からお届け予定日を確認 153-0064 - 東京都目黒区下目黒 詳細
お届け予定日：8/13〜19 通常配送を利用した場合のお届け予定日です。
この商品は、が販売、発送します。 この出品商品には代金引換とコンビニ・ATM・ネットバンキング・電子マネー払いが利用できます。
新品の出品：15¥ 21,763より 中古品の出品：38¥ 19,418より
ゴルフクラブフレックス： SR
R ¥ 22,140
S ¥ 27,864
SR ¥ 27,900
番手：W#1
グリップ:Callaway New DECADE JV ホワイトアウトレッド JH バックライン無し (576489)
ロフト角:10.5度
ライ角:58度
ヘッド体積:460cc
クラブ長さ:45インチ
バランス:D1.5
表示件数を増やす
シェアする
①
¥ 27,900 + 関東への配送料無料
通常2〜3日以内に発送します。 販売元：
カートに入れる
1-Click 注文を有効にしてください
ほしい物リストに追加する
②
こちらからもご購入いただけます
¥ 21,763 カートに入れる
通常配送無料 詳細
発売元：Amazon.co.jp
¥ 27,800 カートに入れる
+ 関東への配送料無料
発売元： 在庫品は営業日17時まで即日出荷します。土曜日も出荷。（日曜祝日定休）
¥ 27,864 カートに入れる
+ 関東への配送料無料
発売元：
③
53の新品/中古品の出品を見る ： ¥ 19,418より

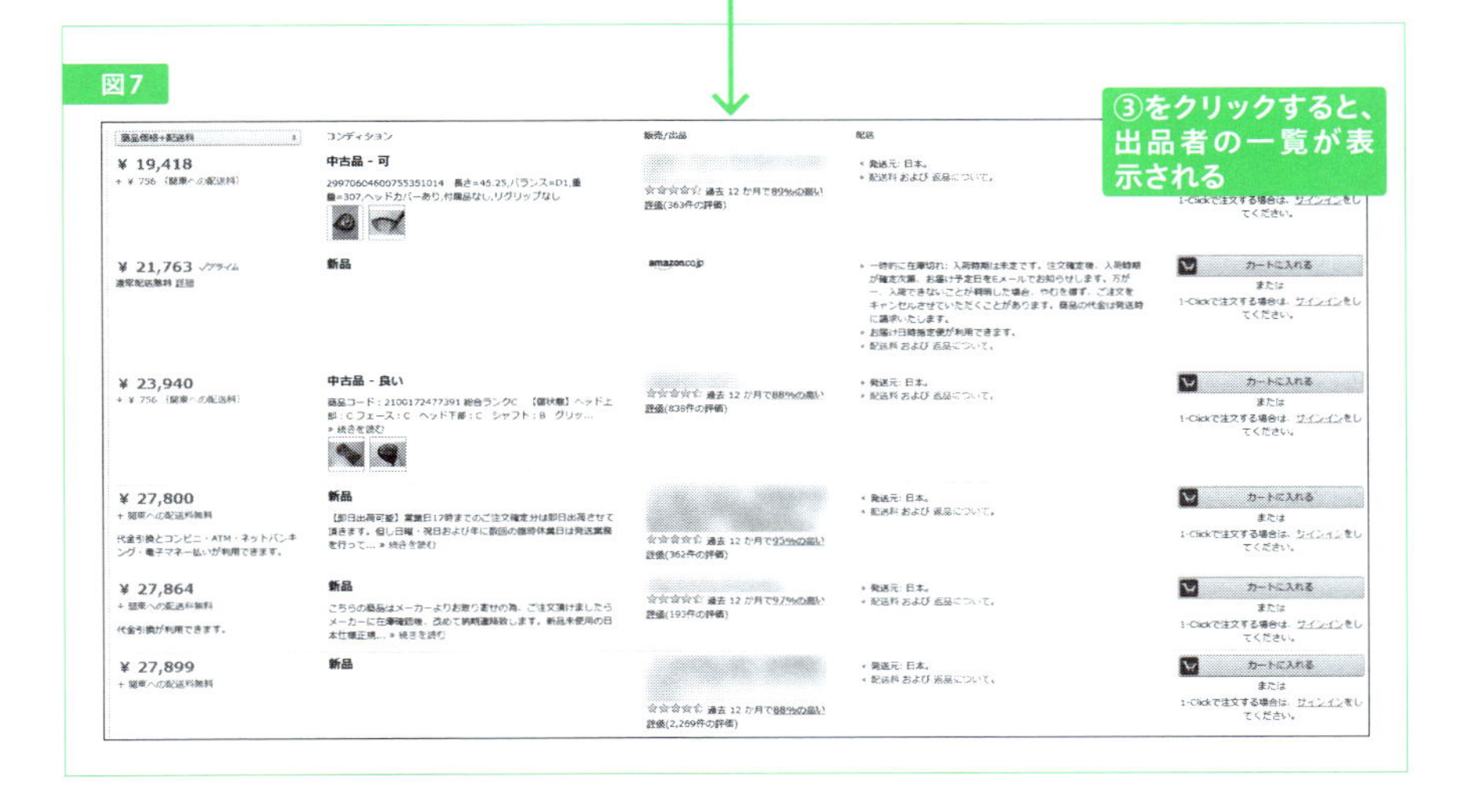
図7
③をクリックすると、出品者の一覧が表示される
コンディション
販売/出品
配送
¥ 19,418
中古品 - 可
¥ 21,763
新品
amazon.co.jp
¥ 23,940
中古品 - 良い
¥ 27,800
新品
代金引換とコンビニ・ATM・ネットバンキング・電子マネー払いが利用できます。
¥ 27,864
新品
代金引換が利用できます。
¥ 27,899
新品
カートに入れる
または
1-Clickで注文する場合は、サインインをしてください。

1つのカテゴリーで条件を満たしていても、ほかのカテゴリーでは不十分な場合もあります。

## 獲得率を上げる方法

### 獲得率に影響すること

獲得条件は未公開ですが、Amazonのヘルプに書かれている内容などから、カートボックスの獲得率に影響している項目を推測すると、次の点が挙げられます（図8）。

- 価格（商品＋送料）が安い
- 在庫切れになっていない
- マーケットプレイスでの取引件数が一定以上
- マーケットプレイスでの出品期間が一定以上
- 出荷までのスピードが速い
- カスタマーサービスが良好

### 必要条件を満たしている出品者がランダムに入れ替わる

これらの条件を総合的に判断していると思われますが、カートボックスは常に同じ出品者が独占できるわけではなく、時間の経過とともに必要条件を満たしている出品者がランダムに入れ替わります。ただし、入れ替わりの頻度は均等ではなく、価格などの条件やパフォーマンスのよい出品者ほど、獲得できる確率が高くなります。

出荷までのスピードとカスタマーサービスについては、FBAを利用している人は圧倒的に有利と考えられます。

また、Amazon自身が販売を行っている商品の場合は、Amazonがカートボックスを獲得する確率が高くなるようです。

## 獲得率の確認

自分の商品別のカートボックス獲得率は、セラーセントラルの「レポート」から「ビジネスレポート」を選択し、「（親）商品別詳細ページ 売上・トラフィック」をクリックすると確認できます。

もし、獲得率が著しく低い場合は、最低価格の出品者と自分の設定価格が離れすぎていないかなど、原因を分析して修正しましょう。

図8

カートボックスの獲得率を上げるには

☑ 価格が安い

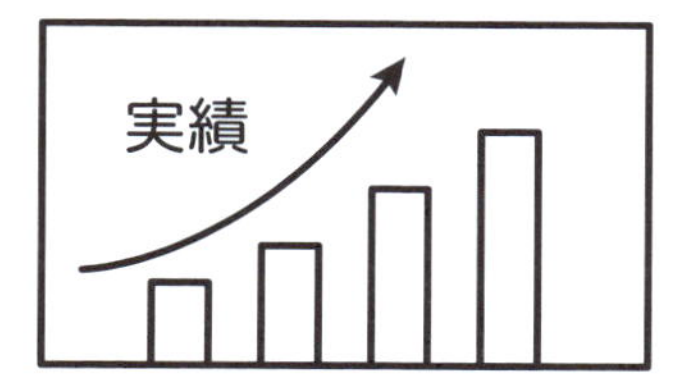


☑ 在庫切れになっていない

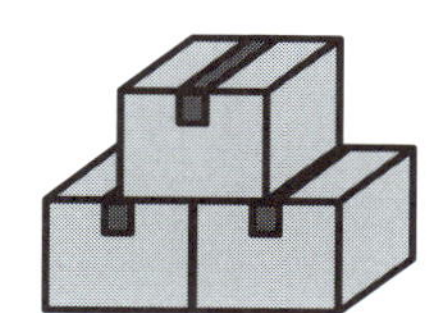

☑ マーケットプレイスでの取引件数が一定以上



☑ マーケットプレイスでの出品期間が一定以上

☑ 出荷までのスピードが速い

☑ カスタマーサービスが良好

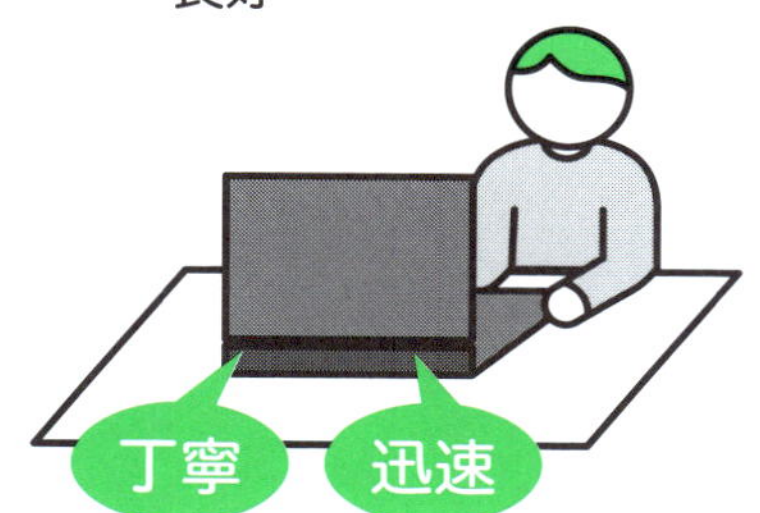

# Amazonポイントをうまく使おう

意外と効果がある、Amazonポイントのテクニックを教えちゃいます!

## 出品者にとってのAmazonポイント

Amazonポイントとは、Amazonで買い物するときに1ポイント1円として利用できるサービスのことです。

Amazonポイントは、**大口出品者であれば誰でも設定できます**が、無料で付与できるわけではなく、付与したポイントは**出品者の売上から相殺**されます。出品者から見ると値引きしたようなものです(図9)。

ポイントには有効期限があり、最終購入日もしくは最終ポイント獲得日のいずれか遅いほうから1年間となっています。有効期限を過ぎると、アカウントに貯まっているポイントは失効になりますが、それを付与した出品者に返還されることはありません。

また、Amazonのすべての商品がポイントの利用対象になるので、当然ながら自分のつけたポイントで別のストアから購入されることもあります。これらの理由から、活用している出品者は少ない印象です。

しかし、Amazonポイント特有のメリットがいくつかあります。しくみを理解して活用し、売上を促進しましょう。

## ポイント導入のメリット

購入者が商品を検索するとき、「ポイント対象商品」で絞り込みできます。そのため、ショッピングカートを獲得していなかったとしても、探されやすくなります。ほかにも、ポイントキャンペーンや、季節催事とタイアップした特集、ストアメール配信もAmazonが行ってくれるので、**露出機会の拡大**に期待が持てます(図10)。

もちろん、類似商品が同じくらいの価格で販売されているときは、購入の後押しになる可能性があります。**ポイントをお得に感じる購入者は意外といる**ものです。

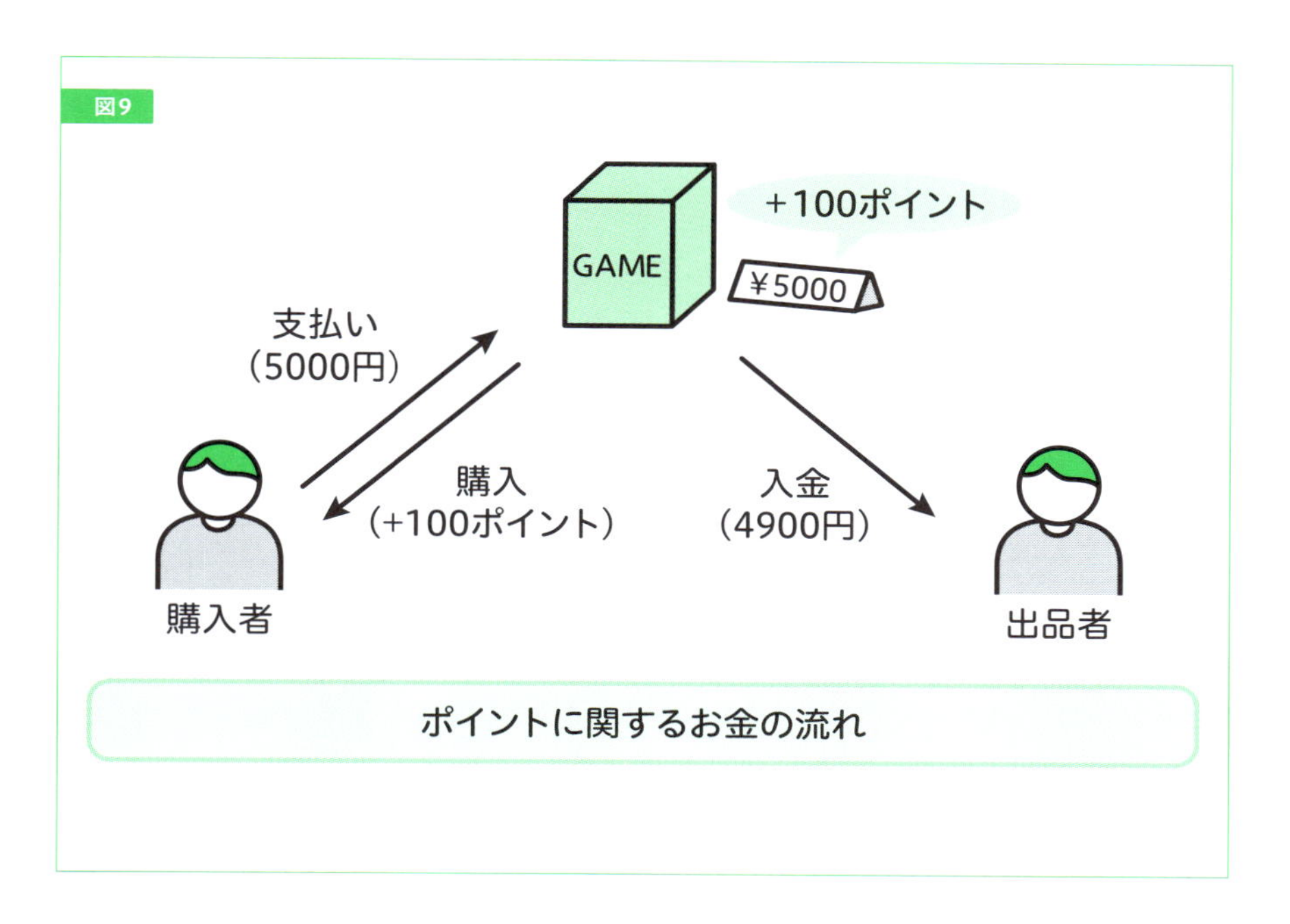
図9
GAME
+100ポイント
¥5000
支払い
(5000円)
購入
(+100ポイント)
入金
(4900円)
購入者
出品者
ポイントに関するお金の流れ

図10
ポイント好きの購入者に
アピールできる
キャンペーンに
入れてもらいやすい
ポイントつきの
商品がいいな…
夏の家電
フェア
ポイント
キャンペーン
ポイント導入のメリット

## ポイントの設定方法

ポイントの設定も、セラーセントラルから行います。在庫管理ページのメニューの中にポイントを設定するリンクがあるので、該当する商品のリンクを開きます。

付与したいポイントは、「販売価格の何%にするか」で決めます。ポイント額そのままではないので、注意しましょう。

また、セール価格の設定期間中にポイントを付与したい場合は、セラーセントラルの在庫管理ページより、該当商品の詳細ページを編集します。バリエーションのある商品の場合は、バリエーションタブの中にセール時のポイントを設定する項目があります。

## 購入者も出品者もトクする使い方

2016年から、プライム会員でない購入者は、税込2000円未満の商品に350円の送料がかかるようになりました。たとえば、1980円の商品を購入すると、2330円を支払う計算になります。

出品者はこの点を見落としがちで、2000円付近が相場の商品であれば、つい1980円と値付けしたくなります。もうお気づきかもしれませんが、非プライム会員にとっては、1980円の商品よりも2000円の商品のほうが、送料が発生しないぶん安いのです。出品者からしても、1980円より2000円のほうが売上が高いことは、言うまでもありません。

そこで、配送料を足すと2000円を超えてしまう1650〜1990円あたりが相場の商品では、ポイント値引きが効きます。たとえば、販売価格を2000円にして、ポイントを20円分付与してあげると、送料込みで1980円で販売したのと同じになります。ちょっとしたことですが、ポイント額以上のお得感を与えられるはずです。

## 「あわせ買い」を避けることも

また、FBAを利用している商品の場合、ある一定の価格を下回ると、ランダムで「あわせ買い」対象の商品になる場合があります（図11）。あわせ買い対象の商品にされてしまうと、購入者はショッピングカート内の合計額が2000円（税込）に達しないとレジに進むことができないため、出品者の売上に大きく影響します。

これを避けたいときも、あわせ買い対象になるほど安くならない価格に設定しつつ、ポイントで還元しましょう。購入者への価格競争力を保ちながら、決済前の障壁を避けられます。

Amazonポイントは、出品者側のテクニックで差がつきます。上手に活用して、選んでもらえる出品者を目指しましょう。

ほかにもポイントの使い方がないか、研究してみよう。

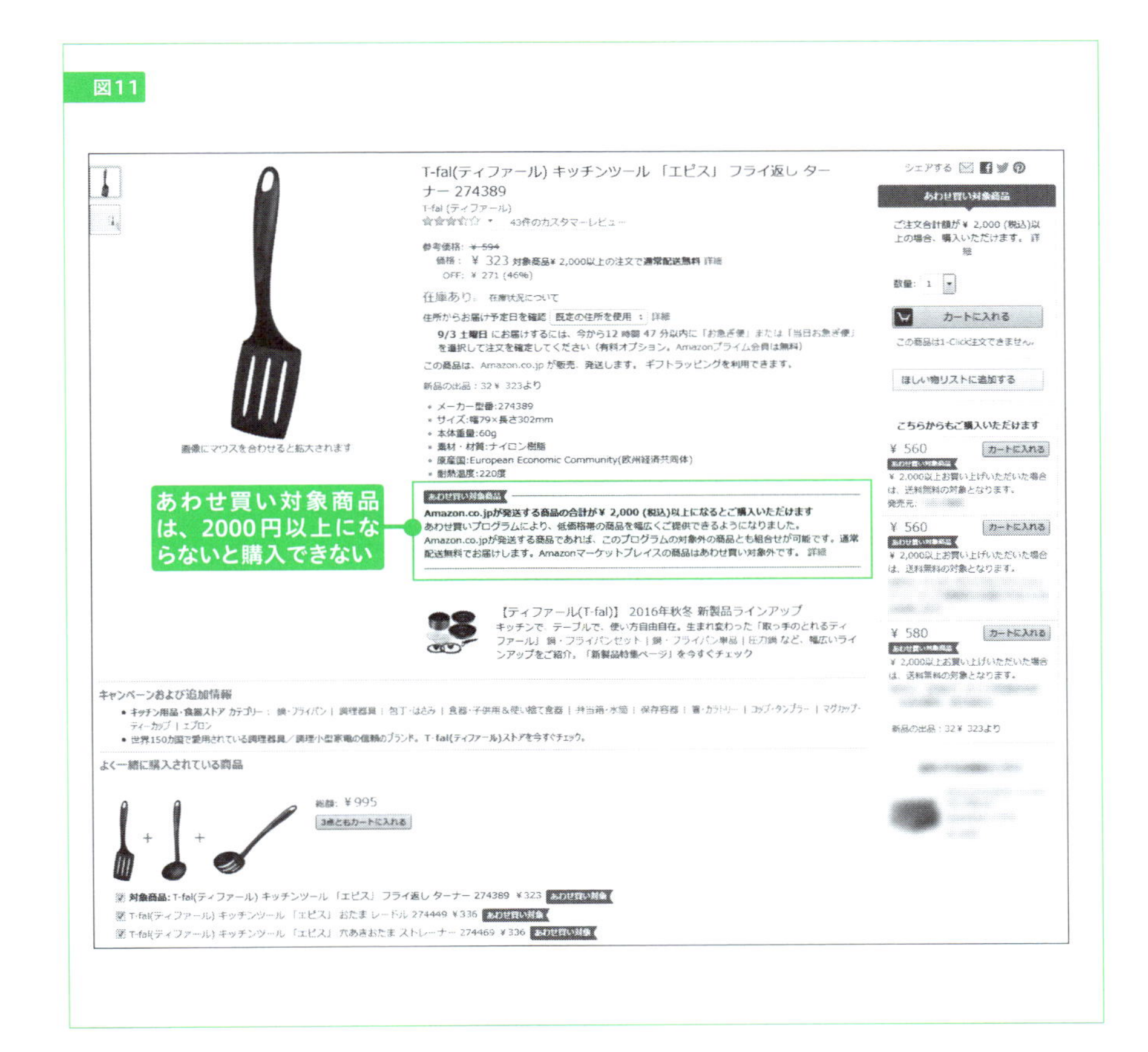

# 商品紹介コンテンツを編集しよう

購入者が欲しくなるような商品紹介を考えよう。

## 商品紹介コンテンツって何？

出品者は、「商品紹介コンテンツの編集」という機能を利用できます。これは、商品詳細ページの説明欄に、文章だけでなく、画像を組み合わせて掲載できる機能のことです（図12）。画像と商品説明を組み合わせることで、特徴や用途、差別化のポイントなど、商品の魅力をしっかり伝えられるので、購買意欲を高める効果があります。

Amazonが出品者向けに発表した調査データによると、商品紹介コンテンツの導入後に1カ月で平均10%売上が向上し、平均ページ訪問回数が18%向上したそうです。

購入者の立場で考えても、わかりやすいことはあきらかです。商品のアレンジ方法や、文字だけではイメージしにくい機能も、画像を使えば一目瞭然になることもあるので、売上促進のためにしっかり活用したい機能です。

## 商品紹介コンテンツの作成手順

商品紹介コンテンツの編集は、セラーセントラルの在庫管理ページから行います。該当商品の右側にあるプルダウンメニューから、「商品紹介コンテンツの編集」を選択し、各項目を設定してください。

図12

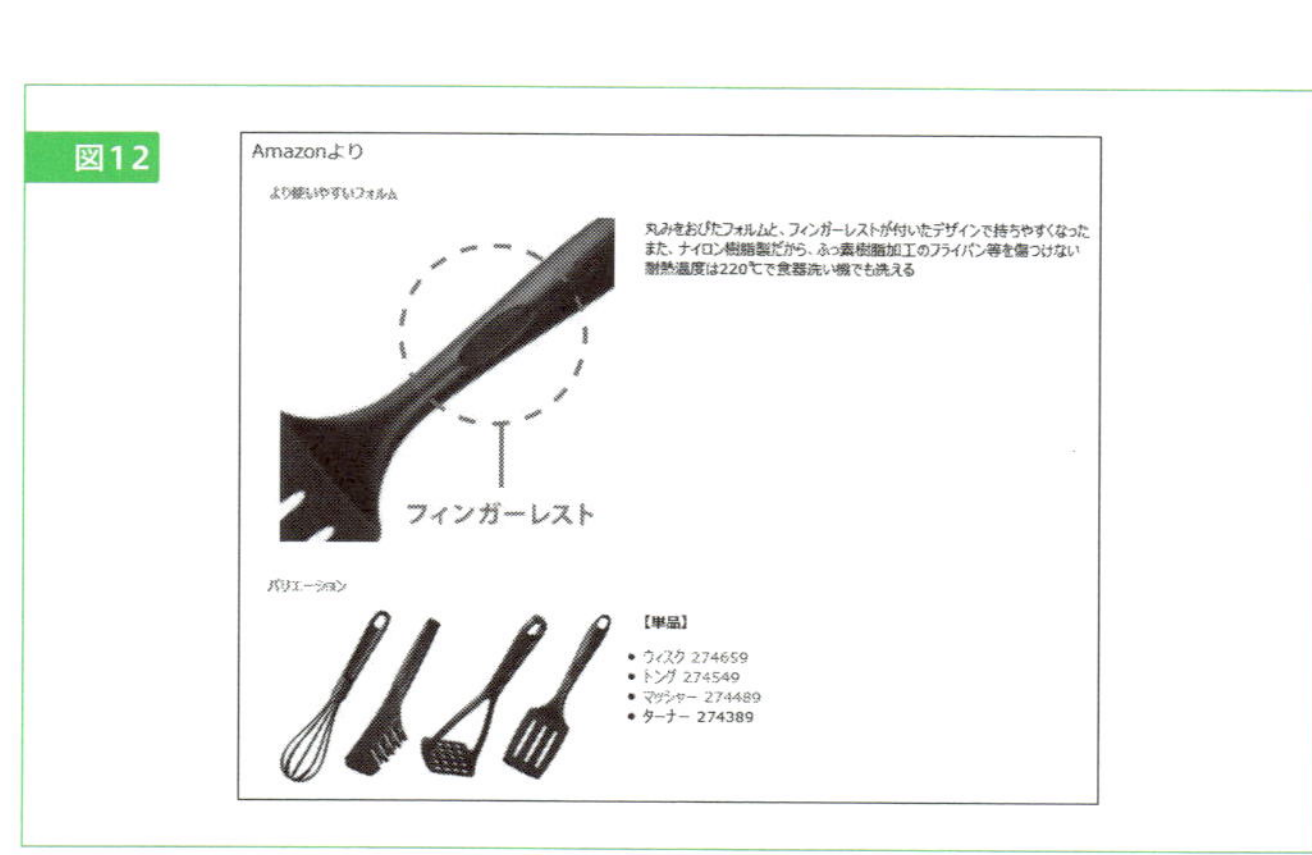

## 効果的な商品コンテンツ作成のポイント

商品紹介コンテンツでは、購入者にとってどんな情報が必要なのかを考えて、商品注文の決め手となる情報を提供するようにしましょう。

基本は、商品の特徴や、セールスポイントを購入者にわかりやすく的確に伝えることです。また、画像は複数掲載できるので、商品をさまざまな角度から撮影して、全体像が見えるようにすると、購入者はイメージがつきやすいだけでなく、不安もなくなります。また、サイズ感がわかるような画像も効果的です（図13）。

## 商品紹介コンテンツの注意点

商品紹介コンテンツは、すべての商品やカテゴリーで作成できるわけではありません。たとえば、本、CD、DVD、ビデオ、TVゲーム、PCソフトなどのメディア商品は対象外です。ほかの出品者がすでに掲載している場合や、Amazonが出品しているASINの商品ページにも、自分が作成したものを掲載することができません。

また、説明文や画像に店舗へのURL、出品者の連絡先、配送情報など、特定の出品者の情報は記載不可です。「最新モデル」「初の」「売れ筋」「人気商品」など、有効期間に制限がある情報の記載もガイドライン違反なので注意しましょう。同様に、「送料無料」「○%OFF」「○○円」「○○セール」など、価格やキャンペーンに関する記載も禁止になっています。

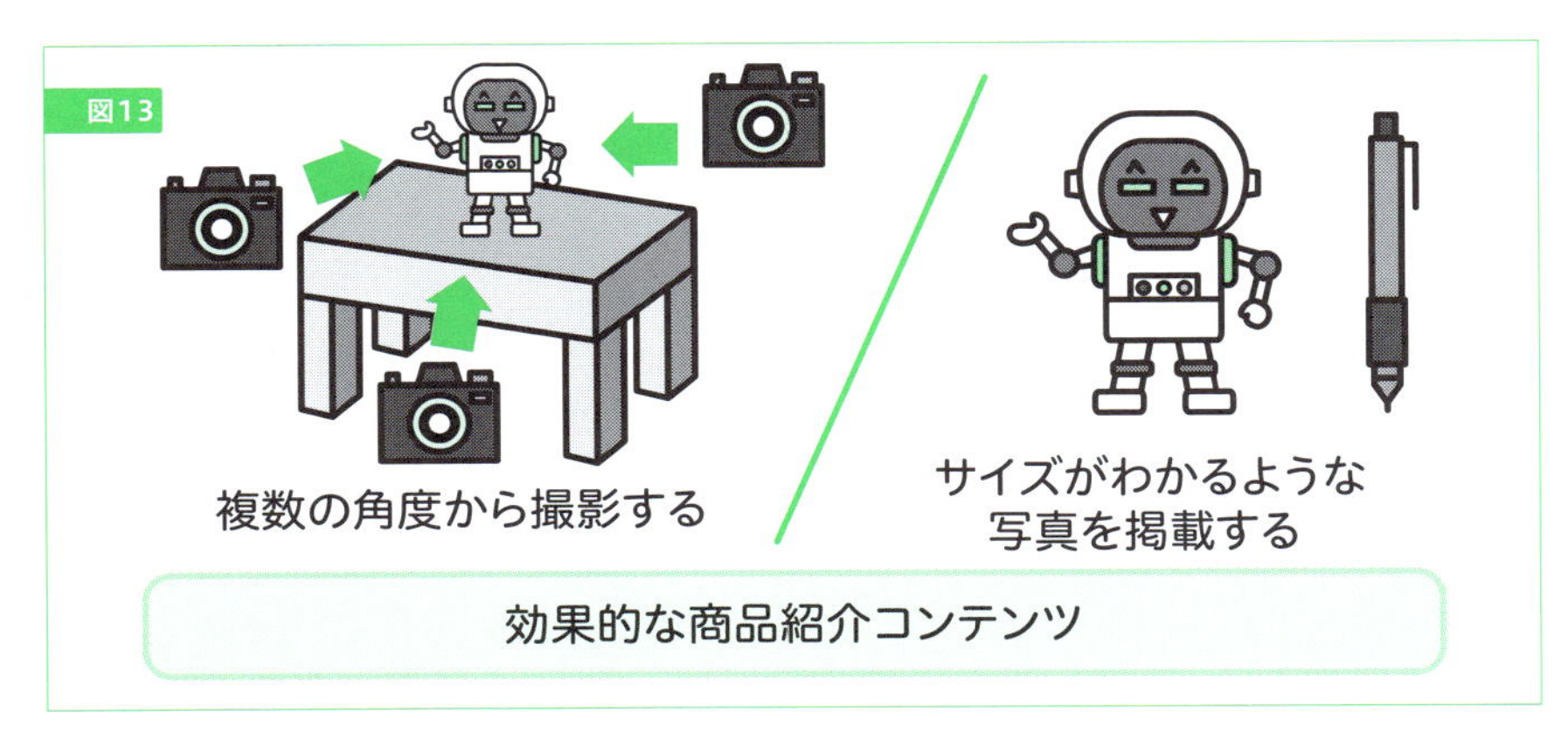

効果的な商品紹介コンテンツ

# Facebookで集客しよう

イマドキの物販は、ソーシャルメディアも使わなきゃね!

## Amazonは個人にチャンスがある

### 個人が大手メーカーに勝てる舞台

さまざまな商品がひしめき合う中で、大手メーカーの商品が売上を独占できるとは限らないのがAmazonです。マーケットプレイスは、中小企業や個人で出品しているような商品が、大手の商品を食ってしまうような逆転現象が起こり得るプラットフォームです。

### なぜ個人でも売れるのか?

大きな要因として、Amazonが出品者と購入者との仲介に入ることで、決済や配送など消費者の懸念事項が解消されているという点が挙げられます。これにより購入者は、単純に商品力と価格のみで商品を選べばよいのです。

もう1つの要因は、カスタマーレビューです。Amazonに限らず、ネット通販サイトではレビューを参考にしてショッピングするのが慣例化しています。レビューを比較している購入者は、大手メーカーの商品が必ずしも品質的に優れているのではないことに気づいていています。

## SNSで知名度を上げよう

一般的にまだ認知度の低い、無名ブランドや自社製品で大きなライバルに立ち向かうときは、SNSでの宣伝も有効な手段です。

## Facebookを活用しよう

### 距離感を縮める

Facebookは、個人名や顔写真、プライベート情報を公開するため、非常に距離感の近いSNSです。「友達になる」ことによって1つの壁が取り払われるので、友達の投稿には親近感が湧きます。相手が自分に近い感性や、共通の趣味を持っていればなおさらです。

そこで、Facebookを集客ツールとして活用してみましょう。そのためには、販売したい商品カテゴリーに興味を持ってもらえそうな友達を増やすところから始める必要があります。

自身のアカウントに宣伝したい商品を投稿しながら、商品に関連がある投稿に「いいね！」をしている人を見つけたら、その人の投稿に「いいね！」をつけましょう。**近い商品に向いている興味を、自分のほうに引き寄せる**のです。

このような方法で、販売している商品を好む傾向のある友達を増やしていき、自分の投稿では商品情報を発信していきます。ただし、押し売りするのではなく、商品のよさを伝えるだけに留めましょう。

### ●モノよりヒト（自分）を売る

Facebookは相手との距離感が近いぶん、**モノではなくヒト（自分）を売る**という意識で接するのがポイントです。また、SNSでの集客は、ネットショップでの集客とは違い、関係の強い顧客になりやすいというのも特徴です。

### ●ビジネスに便利なFacebookページ

Facebookを使った集客方法として、自社商品の「Facebookページ」を立ち上げる方法もあります。Facebookページとは、企業やサークル向けのアカウントで、商品やサービスの宣伝に広く使われています（図14）。新商品情報や、商品の魅力を投稿して拡散し、見込み客を増やしていきます。

Facebookページでは**低予算で広告を出せる**ので、見込み客を一気に増やしたい場合には、活用を考えてみましょう。

図14

# LINE@で集客しよう

お客さんとコミュニケーションを取るのも大切です。

## LINEの圧倒的な普及率

近年、スマートフォンの爆発的な普及により、Amazon販売においてもアプリを利用した集客は欠かせないものになっています。

日本国内でのLINEユーザー数は6800万人を超えています。アクティブ率（月に1回以上利用する人の率）は70・8%と高い数字を誇ります（2016年1月、LINE社による発表）。これを活用しない手はありません。

## LINE@とは？

店舗向けに「LINE@（ラインアット）」というサービスがあります。有料プランもありますが、メッセージ配信1000通／月まで、タイムライン投稿4回／月までであれば、無料で利用可能です。大きなメリットは、友だち登録してくれたユーザーに一括でメッセージを配信できることです。

LINE@の友だちを増やす方法としては、まずFacebookやInstagramなどのSNSで交流して仲良くなってから、IDやQRコードで登録してもらう方法があります。LINEで友だちに追加するときと同じ感覚なので、手間もかからず、抵抗を覚える人も少ないでしょう。

## メッセージの一斉送信が便利

友だちになったユーザーにおすすめしたい商品があれば、**Amazonのリンクを含んだメッセージを一斉配信**しましょう。一斉配信することにより、個人に押し売りするイメージを避け、自然に商品情報を提供できます。気軽な告知程度であれば、タイムラインを活用するとよいでしょう。

また、問い合わせにも1対1のLINE同様の対応ができるところも魅力です。売り手と買い手の距離感がさらに近くなり、**売り込みと思われにくい集客が可能**となります。

# Chapter 5
# データを分析しよう

- 仕入れリサーチに使えるツール
- 利益を予測しよう
- ビジネスレポートを活用しよう①<br>売上ダッシュボード編
- ビジネスレポートを活用しよう②<br>ビジネスレポート編
- ビジネスレポートを活用しよう③<br>Amazon出品コーチ編
- FBAの在庫保管料を節約しよう！

# 仕入れリサーチに使えるツール

失敗しないためにも、リサーチツールを使おう！

## リサーチツールでミス防止＆効率化

仕入れ手段によってケース・バイ・ケースなので一概には言えませんが、Amazonに出品する商品を探すには、ツールを利用してリサーチしたほうが効果的な場合があります。あらかじめリサーチを行うことによって、仕入れた商品が売れなくて在庫が山になってしまったり、実勢価格の相場よりも高く仕入れて赤字になったりなどのミスを防ぐことにもつながります。

また、時間は有限なので、手間のかかる作業はできるだけ効率化したいものです。ここで紹介するツールを状況に応じて活用し、ぜひ効率よく仕入れを行うようにしてください。

## Amazonランキングと価格推移をチェック

仕入れた商品が売れない状況を避けるには、Amazonランキングの推移を確認して、売行動向を把握しておくことが大事です。現在のランキングを確認しただけでは、季節や流行、値下げにより一時的に売れている商品なのか、それとも定番商品なのかなどの判断が難しいからです。

仕入れミスをしないために、ランキングと価格の推移を確認するクセをつけましょう。

## PRICE CHECK（プライスチェック）

「PRICE CHECK」は、Amazonの出品商品のランキングや新品価格、中古価格の変動を分析できるサイトで、多くのセラーに人気です（図1）。

ランキングの変動グラフ、新品価格変動価格グラフ、中古価格変動グラフを、1カ月間／3カ月間／6カ月間／12カ月間単位で確認できます。グラフを見ることで、通年で売れている商品かどうかや、出品者数と価格の相関性も分析できます。

分析するポイントとしては、ランキングが上昇しているタイミングで

図1

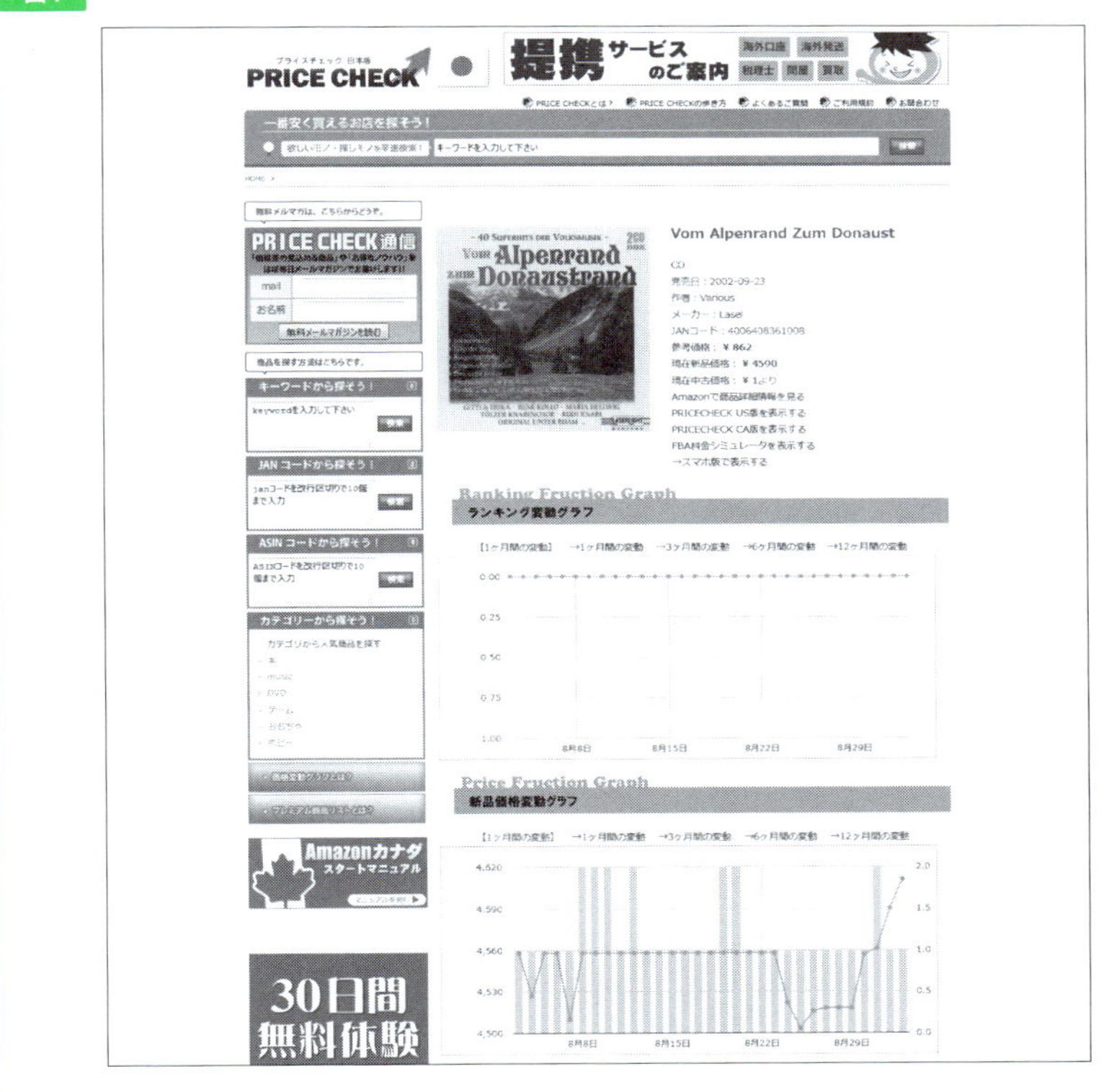


の価格や出品者数に着目するとよいでしょう。また、12カ月間など長期間で見ることによって、安定して売れるかどうかの判断も可能です。

PRICE CHECK
URL http://so-bank.jp/

## モノレートとモノサーチ

「モノレート」もランキングと価格の推移を表示するサイトで、PRICE CHECKと同様のグラフを閲覧できます（表示できる期間は一部異なる 図2）。

便利なのは「最安値の表」で、日付別にランキング、新品の出品者数と最安値、中古の出品者数と最安値をチェックできます。いくらのときにいくつ売れているのか、一目でわかります。ほかにも、Amazon以外のオークションやネットショップでの出品状況を教えてくれる機能もあります。

モノレートの商品情報ページには、「モノサーチ」というリンクがあります。クリックすると、商品を購入できるWebサイトが一覧で表示されます。新品、中古ごとに価格を比較してくれるので、**リサーチしながらすぐ仕入れ**ができます。

モノレート
URL http://mnrate.com/

モノサーチ
URL http://mnsearch.com/

## 実店舗仕入れ向けツール

家電量販店やディスカウントストアでの仕入れなど、実店舗での仕入れをするときに使えるツールもあります。お店で安いと感じても、Amazonでもっと安い商品があったら売れません。そこで、仕入れの現場で価格差や売行動向をリサーチするようにしましょう。

Chapter3で紹介した「せどりすと」や「せどろいど」もセラーに人気のアプリですが、同じようにスマホで利用できて、Amazonで販売したときの利益計算までしてくれるAmazon公式アプリを紹介します。

## 出品者に必須のAmazon Seller

「Amazon Seller」は、Amazonが出品者向けに提供しているスマホアプリです(図3)。**セラーセントラルと連動している**ので、仕入れの価格調査だけでなく、納品や出品、管理作業もできます。

スキャン機能では、**商品にスマホのカメラを向けるだけでリサーチできる**ので便利です(バーコードでも可)。また、出品許可が必要だったり、FBAに納品できない商品だったりした場合、その旨が表示されるのも出品者にとっては嬉しい機能です。

スキャンして表示された商品の詳細画面では、Amazonでの最低価格を基準に、購入者への配送料またはFBAの配送料と、仕入原価を差し引いて、**利益計算することも可能**です。

Amazonのセラーであるなら、必ずインストールしておきたいアプリです。

図2

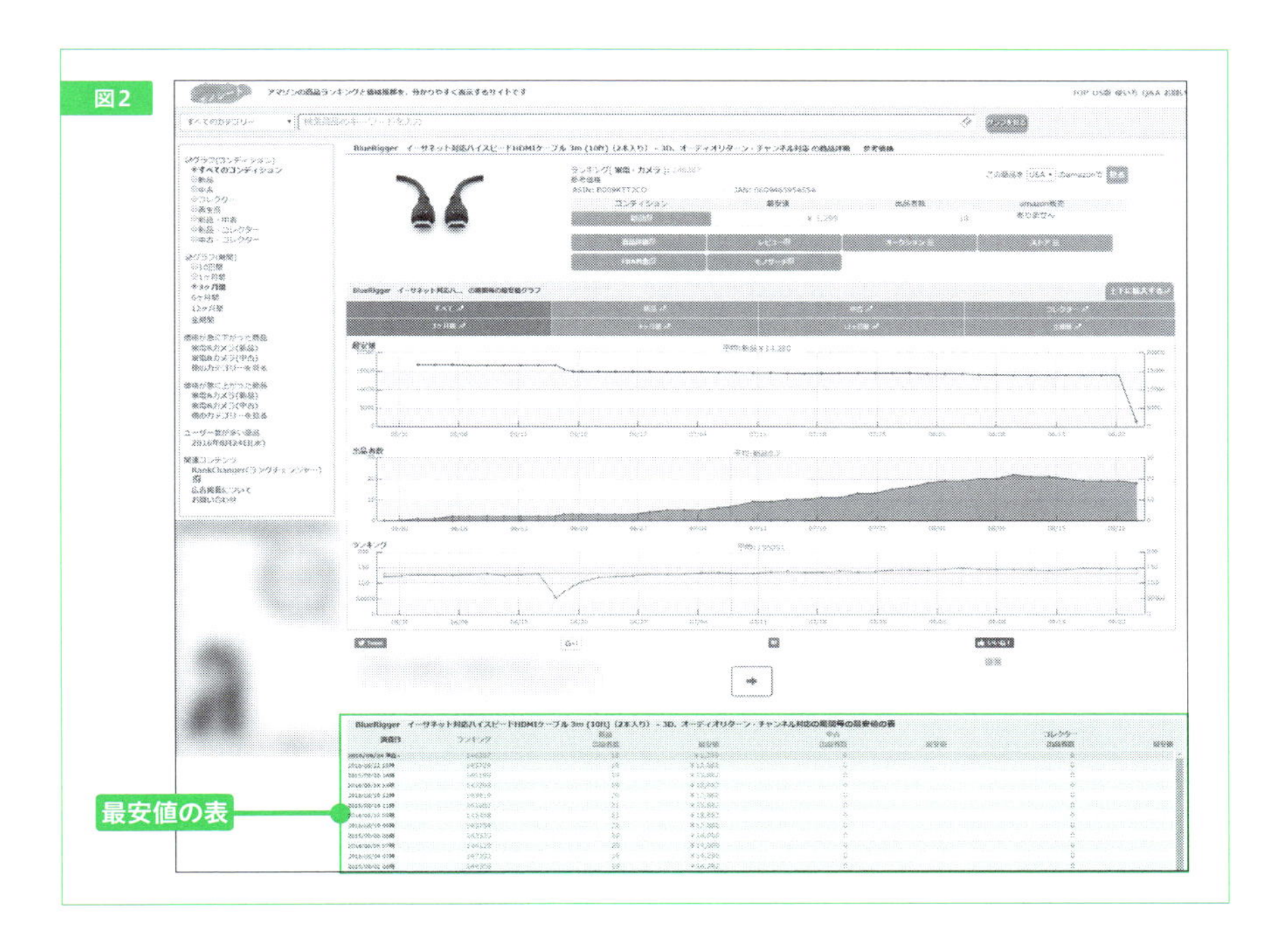
最安値の表

図3

amazon seller
Amazon Seller
Amazon Mobile LLC
3+
インストール
50万
ダウンロード数
4.2
10,951
ビジネス
類似のアイテム
出品者様のAmazonでの販売ビジネスを管理し、ビジネスを成長させるアプリです。

# 利益を予測しよう

利益予測の計算も、ツールを使えばラクラクです。

## FBA料金シミュレーターを活用する

Amazonが提供している「FBA料金シミュレーター」は、出品時に必要となる販売手数料や、FBA発送時の出荷手数料や保管手数料などを計算して、利益を予測するためのツールです（図4）。仕入れ時の利益計算は、セラーなら必ず行うルーティンです。

## 自分で出荷した場合と比較できる

FBA料金シミュレーターでは、自分で出荷した場合とFBAを利用した場合の2パターンで計算できます。月間の予想販売数や、売上増加の見込みをパーセンテージで入力することもできるので、**どのくらい売れるとFBAを利用したほうが得になるのか**確認できます。リアルな数字とグラフが出るので、自分が販売したときの想像がつきやすい点が優れています。

特に、自分で発送するか、FBAで発送するか迷っている場合には、欠かせないツールです。

## 登録されていない商品の手数料を予想する

Amazonに登録されていない商品を出品したいときには、**同カテゴリーで近いサイズや重量の商品でシミュレーションする**ことによって、おおよその手数料を算出することができます。

ただし、このツールはあくまでシミュレーションなので、計算が完全に正確というわけではありません。参考程度に考えるようにしてください。

FBA料金シミュレーター

URL https://sellercentral-japan.amazon.com/fba/profitabilitycalculator/index?lang=ja_JP

図4

amazon services seller central

## FBA料金シミュレーター

出品者様のフルフィルメント料金（梱包・出荷・配送の諸費用）をご入力いただいた場合、出品者様のフルフィルメント料金とAmazon.co.jpが発送する購入者からの注文のフルフィルメント料金に関する料金比較をご確認いただけます。

**免責事項**「FBA料金シミュレーター」により提示されたフルフィルメント料金は、フルフィルメント by Amazonサービスのご利用を検討していただく際の目安としてのみ、使用してください。Amazon は「FBA料金シミュレーター」により提示されたフルフィルメント料金に関して、情報または計算の正確性につき保証しません。「FBA料金シミュレーター」により提示されたフルフィルメント料金に関しては、各出品者様にて別途分析を行ったうえで結果を検証してください。最新の費用と料金については、Amazon サービスビジネスソリューション契約 を参照してください。

**ホワイトボード Mサイズ 磁石が使える タテヨコ両用 VWB061**
ASIN: B00MNZCTOA
商品の寸法: 45.0088 X 30.3022 X 4.4958 センチメートル
商品重量: 0.4899 キログラム

商品の詳細はこちら

他の商品を試す

| | 自社発送の場合 | FBA発送の場合 |
|---|---|---|
| **売上** | | |
| 商品代金 | | |
| 配送料 | | |
| 売上の小計 | | |
| **費用/コスト** | | |
| 販売手数料 | | |
| カテゴリー成約料 | | |
| **フルフィルメント費用** | | |
| 発送手数料 | | |
| 出荷作業手数料 | | |
| 出荷時の配送料 | | |
| 発送重量手数料 | | |
| 月次の保管手数料 | | |
| 納品時の配送料 | | |
| カスタマーサービス | | Amazonが提供 |
| 出荷準備費用 | | |
| フルフィルメント費用小計 | | |
| 費用/コストの小計 | | |
| 計上額 | | |

計算

フルフィルメント by Amazonを利用する

出品したい商品の販売価格を入力

自分で発送するときに購入者に請求する配送料を入力

FBA納品時にかかる1商品あたりの配送単価を入力

1商品あたりの緩衝材や商品ラベルの費用を入力するための欄だが、仕入れ単価を入力すると利益を算出できる

# ビジネスレポートを活用しよう①売上ダッシュボード編

Amazonにはデータ分析のための機能が十分に備わっています。

## 分析の味方・ビジネスレポート

ビジネスレポートは、Amazonが管理している出品者の売上に関連するデータです。出品者のページの訪問者数、注文数、売上高などのデータを、日付や商品ごとにレポートとして抽出できます。

ビジネスレポートは、「売上ダッシュボード」「ビジネスレポート」「Amazon出品コーチ」という3つの機能で構成されています。

それぞれの機能は、セラーセントラルの「レポート」にある「ビジネスレポート」で利用できます。

## 売上ダッシュボードで過去の状況と比較

売上ダッシュボードは、日／週／月／年単位で売上の比較ができる機能で、おおむね1時間ごとに更新されます（図5）。

ダッシュボードの中にある「売上スナップショット」（図6）では、日付、商品カテゴリー、出荷経路での絞り込みが可能で、それぞれの抽出条件に応じて注文品目数、注文商品数、注文商品の売上、品目あたりの平均商品数、品目あたりの平均売上のデータが表示されます。

「売上の比較」を見ると、本日／昨日／先週の同日／昨年の同日の売上情報を、グラフまたは表で比較できます。時間別の販売数や売上のグラフも表示されるので、傾向を分析するのに活用できます。

「カテゴリー別売上」では、上位5／上位10／上位20のカテゴリーを表示でき、販売商品数と比率をチェックできます。

データを売上アップに生かそう!

図5

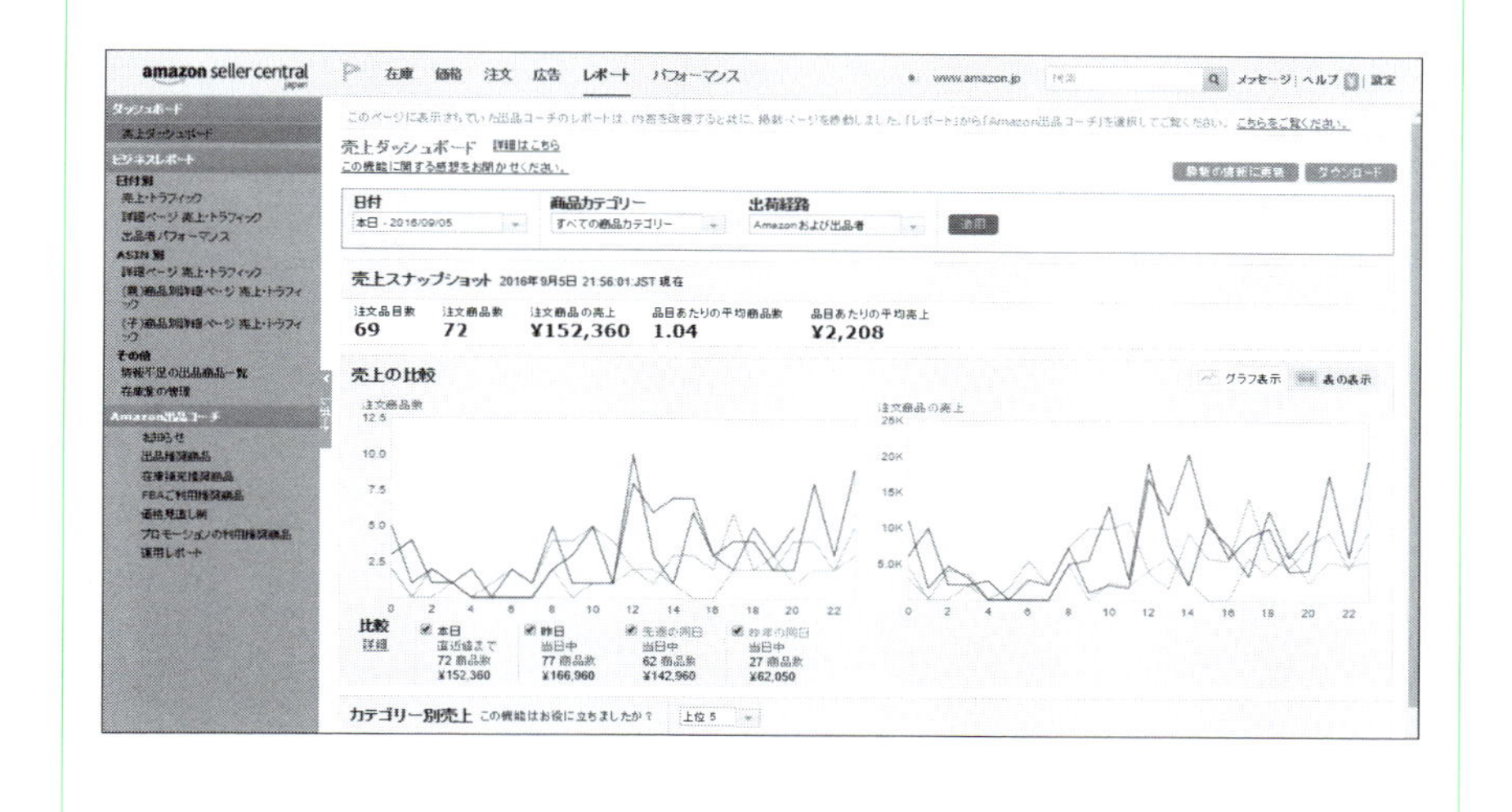
amazon seller central
在庫 価格 注文 広告 レポート パフォーマンス
www.amazon.jp
メッセージ | ヘルプ | 設定
売上ダッシュボード
日付
本日 - 2016/09/05
商品カテゴリー
すべての商品カテゴリー
出荷経路
Amazonおよび出品者
適用
売上スナップショット 2016年9月5日 21:56:01 JST 現在
注文品目数
69
注文商品数
72
注文商品の売上
¥152,360
品目あたりの平均商品数
1.04
品目あたりの平均売上
¥2,208
売上の比較
グラフ表示
表の表示
注文商品数
注文商品の売上
比較
本日
直近値まで
72 商品数
¥152,360
昨日
当日中
77 商品数
¥166,960
当日中
62 商品数
¥142,960
当日中
27 商品数
¥62,050
カテゴリー別売上

図6

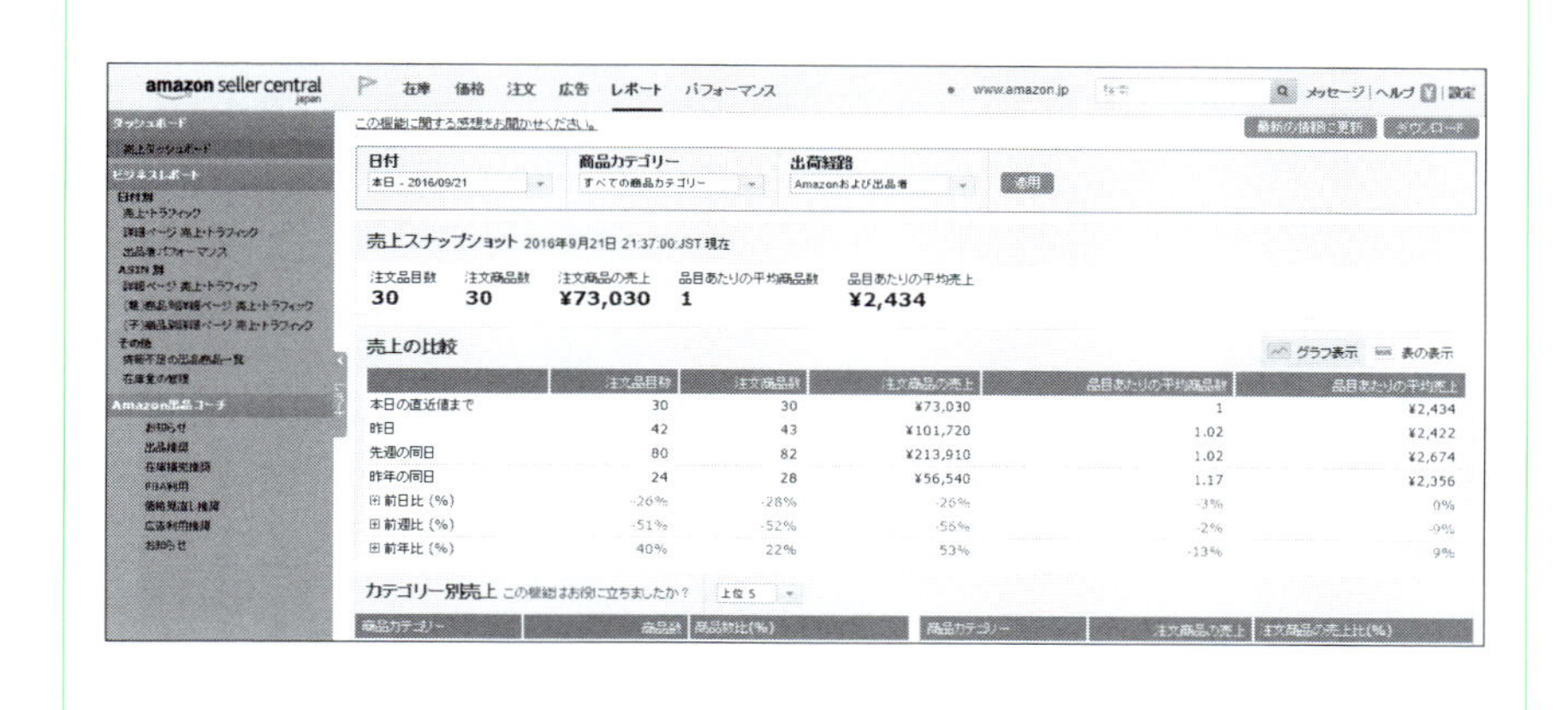
amazon seller central
在庫 価格 注文 広告 レポート パフォーマンス
www.amazon.jp
メッセージ | ヘルプ | 設定
日付
本日 - 2016/09/21
商品カテゴリー
すべての商品カテゴリー
出荷経路
Amazonおよび出品者
適用
売上スナップショット 2016年9月21日 21:37:00 JST 現在
注文品目数
30
注文商品数
30
注文商品の売上
¥73,030
品目あたりの平均商品数
1
品目あたりの平均売上
¥2,434
売上の比較
グラフ表示
表の表示
本日の直近値まで 30 30 ¥73,030 1 ¥2,434
昨日 42 43 ¥101,720 1.02 ¥2,422
先週の同日 80 82 ¥213,910 1.02 ¥2,674
昨年の同日 24 28 ¥56,540 1.17 ¥2,356
前日比 (%) -26% -28% -26% -3% 0%
前週比 (%) -51% -52% -56% -2% -9%
前年比 (%) 40% 22% 53% -13% 9%
カテゴリー別売上 この機能はお役に立ちましたか？
上位 5

# ビジネスレポートを活用しよう②ビジネスレポート編

## ビジネスレポートの中のビジネスレポート

少しややこしいですが、ビジネスレポートの中に、同じ名前の「ビジネスレポート」という機能があります。日付またはASIN別に、注文商品売上、注文商品点数、セッション、カートボックス獲得率、ユニットセッション率など、**売上を分析するために欠かせないデータ**が提供されており、最も重要な機能といえます。

　それぞれのデータが示す数値の意味を理解すれば、売上向上に大きく役立てることができます。

## ビジネスレポートを見れば改善点がわかる

ビジネスレポートは、ストアの健康状態を測るバロメーターのようなものです。ビジネスレポートを見れば、自分の店に足りていない部分を推測できます。何よりも数字は嘘をつきません。ビジネスレポートはこまめに確認するクセをつけてください。これから紹介する指標とその対策を参考に、すぐ行動に移りましょう。

## 重要な指標をチェック！

ビジネスレポートの中で注目して欲しいのは、ASIN別の**「（親）商品別詳細ページ 売上・トラフィック」**です（図7）。これを見ると、取扱商品全体の状況がよくわかります。

　このページで特に重要なのは「セッション」「カートボックス獲得率」「ユニットセッション率」の3つです。

## セッション

セッションは、言い換えれば**集客数**です。出品者の商品ページに訪れた人数を集計しています。同じ人が24時間以内に何度も訪れたとしても1とカウントされるので、正確な集客数に近いデータと思ってよいでしょう。

　思うように売れていない商品のセ

ッション数が少ない場合、売れない原因はAmazon内での露出の低さだと推測できます。セッションを増やすためには、次のような方法があるので、試してみてください。

- Amazon内のセラー広告を使う
- 検索キーワードを見直す
- ブラウズノードを正しいカテゴリーで登録する
- 商品価格を見直す
- 商品タイトルを見直す
- 商品のメイン画像を見直す

## カートボックス獲得率

カートボックス獲得率は、同じ商品を販売する出品者全体で100％として考えたとき、自分がカートボックスを獲得している割合を表すものです。いくらセッションが高く、商品力の高いアイテムであっても、カートボックスを獲得できなければ高い売上には結びつきません。

獲得率の目安は出品者の人数によっても変わりますが、100％を人数で割った平均値を下回っている場合は、次に挙げる点を見直してみてください（表1）。

表1

| ✓ | チェック項目 |
|---|---|
| □ | 商品価格が最低価格より高すぎないか |
| □ | 配送納期が他の出品者と比べて遅すぎないか |
| □ | 出品者評価が下がっていないか |

図7

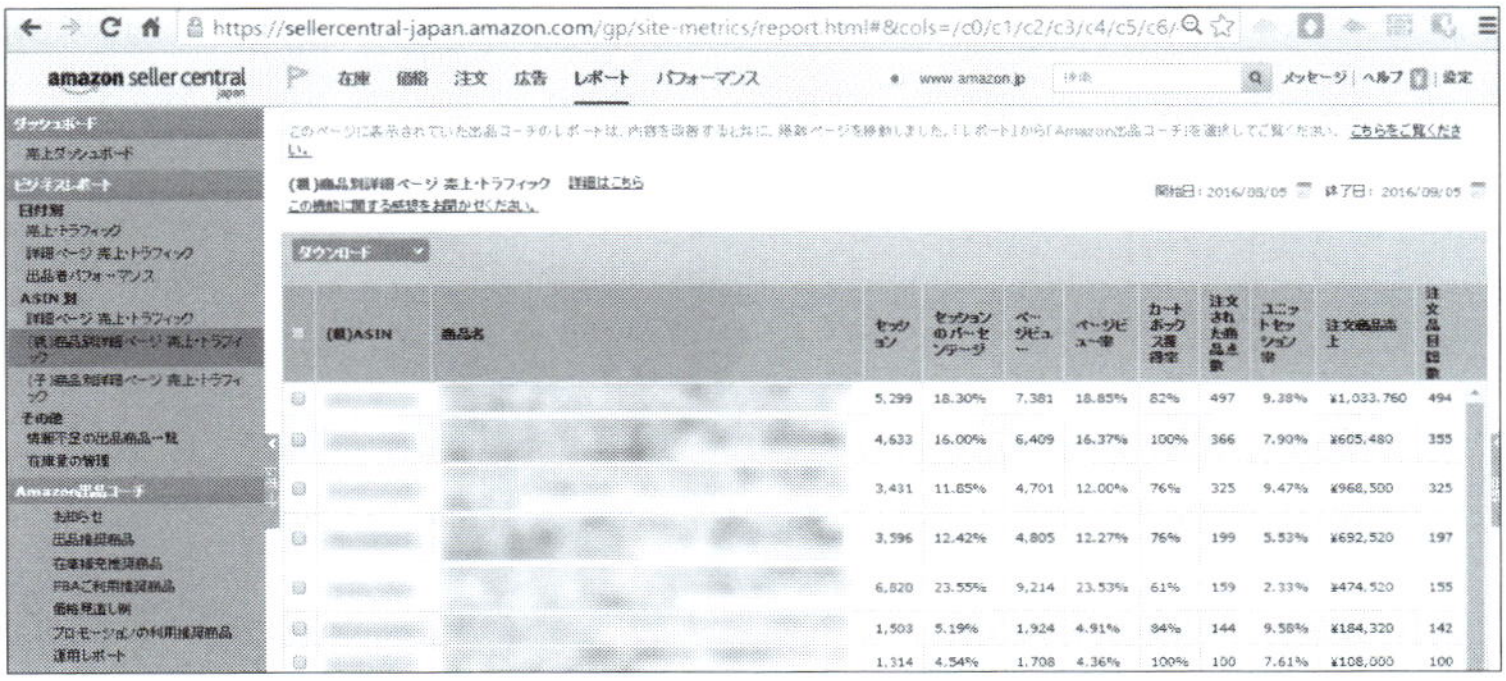

https://sellercentral-japan.amazon.com/gp/site-metrics/report.html#&cols=/c0/c1/c2/c3/c4/c5/c6/

(親)商品別詳細ページ 売上・トラフィック　開始日：2016/08/05　終了日：2016/09/05

| (親)ASIN | 商品名 | セッション | セッションのパーセンテージ | ページビュー | ページビュー率 | カートボックス獲得率 | 注文された商品点数 | ユニットセッション率 | 注文商品売上 | 注文品目総数 |
|---|---|---|---|---|---|---|---|---|---|---|
| | | 5,299 | 18.30% | 7,381 | 18.85% | 82% | 497 | 9.38% | ¥1,033,760 | 494 |
| | | 4,633 | 16.00% | 6,409 | 16.37% | 100% | 366 | 7.90% | ¥605,480 | 355 |
| | | 3,431 | 11.85% | 4,701 | 12.00% | 76% | 325 | 9.47% | ¥968,500 | 325 |
| | | 3,596 | 12.42% | 4,805 | 12.27% | 76% | 199 | 5.53% | ¥692,520 | 197 |
| | | 6,820 | 23.55% | 9,214 | 23.53% | 61% | 159 | 2.33% | ¥474,520 | 155 |
| | | 1,503 | 5.19% | 1,924 | 4.91% | 84% | 144 | 9.58% | ¥184,320 | 142 |
| | | 1,314 | 4.54% | 1,708 | 4.36% | 100% | 100 | 7.61% | ¥108,000 | 100 |

## ユニットセッション

### 購入率がわかる

ユニットセッション率は、商品を閲覧した人数(セッション)のうち、何%が購入に至ったかという数値です。コンバージョン(成約)率と言う人もいます。当然ながら、セッションが多くても、ユニットセッション率が低ければ売上になりません。

### ユニットセッション率が低い理由は？

売上は、「流入数×購買率×客単価」で計算できますが(図8)、流入数に当てはまるのがセッションで、購買率がユニットセッション率です。この数値が低いということは、商品を見に来てくれた人を取り逃がしていることになるので、商品ページ内のどこかが購入者の期待を裏切っていると考えられます。

ユニットセッション率は、セッションやカートボックス獲得率に比べて改善しやすい部分です。出品情報を正しく修正すれば、必然的に売上は伸びるでしょう。

### 目標値の目安

ユニットセッション率が何%あればよいかは、自身の経験で導き出すしかありません。もちろん、扱っているカテゴリーによっても変わってきます。

目安を挙げると、米国ECサイトの平均コンバージョン率は2.8%だそうです。ただし、Amazonという信頼度の高いプラットフォームを利用する場合は、これよりも高い数値を目指すべきです。筆者の場合は5%を基準として、達していなければ問題点を探すようにしています。もちろん、数値は高ければ高いに越したことはありません。

### 改善ポイント

ユニットセッション率を改善したい場合は、次の点を見直してみてください(表2)。

表2

| ✓ | チェック項目 |
| --- | --- |
| □ | 商品価格が相場よりも高すぎないか |
| □ | 配送納期が遅くないか |
| □ | 商品の説明や画像がわかりにくくないか |
| □ | 商品バリエーションの一部が在庫切れになっていないか |
| □ | カスタマーレビューにネガティブなコメントがないか、あるいは平均点が低くないか |

カスタマーレビューは商品に対する評価なので、出品者が改善を施すのは難しい部分ですが、極端に購入者からの評価が低い商品は取り扱いを控えるなどの対策が必要です。

また、「（子）商品別詳細ページ売上・トラフィック」を見ると、バリエーションの中でどれが人気なのかを探ることができます。

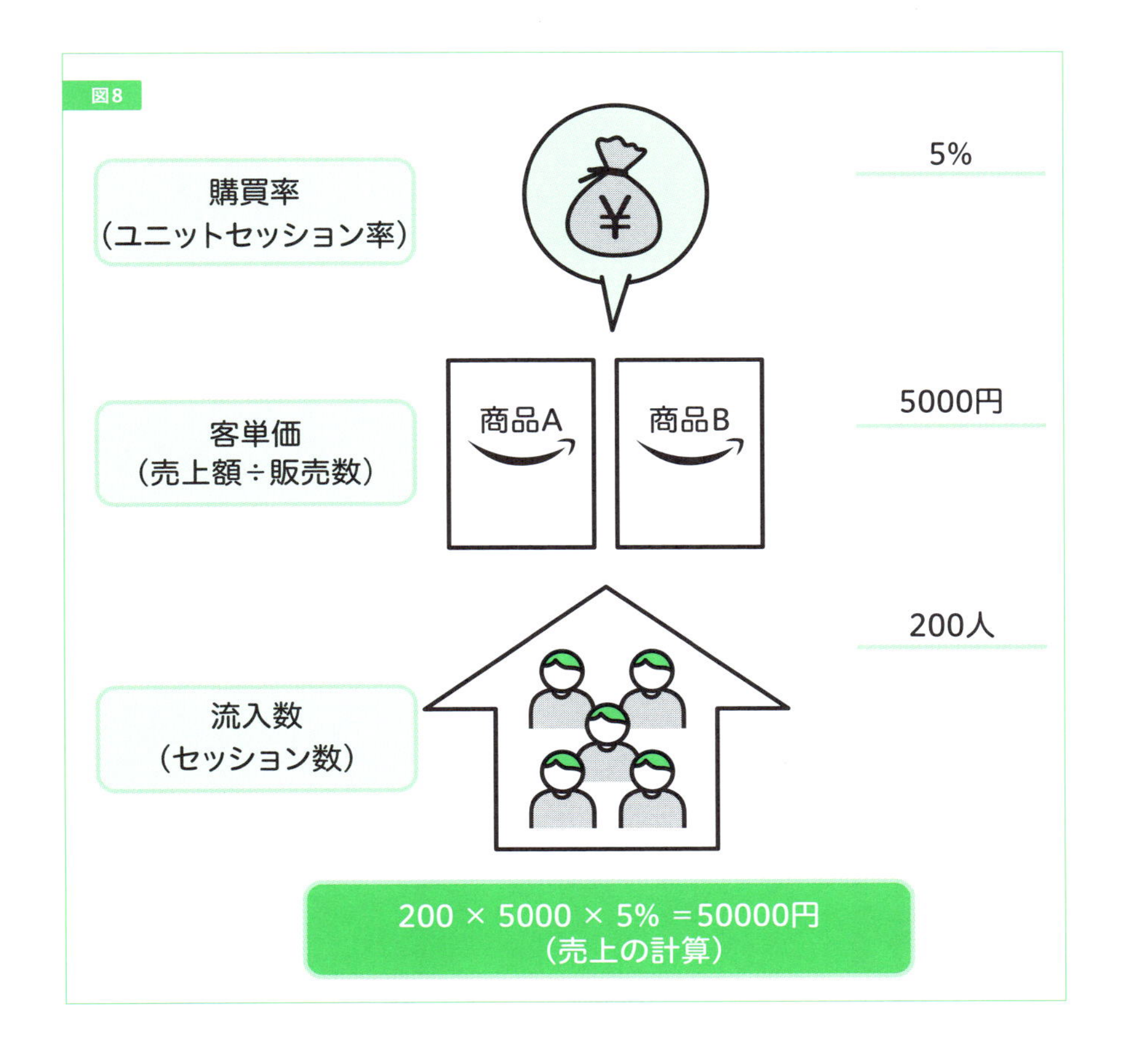

# ビジネスレポートを活用しよう③ Amazon出品コーチ編

Amazonがアドバイスをしてくれる便利な機能です。

## 販売チャンスを失わないために

売上アップのためには、販売機会を逃さないことも重要です。「Amazon出品コーチ」は、出品者の商品や市場の傾向を分析して、販売向上のためのヒントやアドバイスをくれる機能です（図9）。うまく活用して、販売機会を損失しないようにしましょう。

## 在庫補充の目安になる

「在庫補充推奨商品」では、過去30日間の販売数から、在庫切れになるまでの日数を予測し、補充を促してくれます。

在庫がすでに切れてしまっている商品に対しては、在庫切れしている日数と、在庫があった場合の売上予測が表示されます。**売上予測は、在庫がないことによる損失**といえるので、今後の仕入れの参考にしてください。

## 仕入れの参考になる

「出品推奨商品」では、Amazonが出品おすすめの商品を紹介してくれます。出品者の現在の商品傾向から、季節やブランドなどで分類して表示されます。**購入者がどのような商品に関心を持っているのか把握で**きるので、仕入れに活用しましょう。

## FBA利用推奨商品

FBAを利用していない商品が購入者によく検索されている場合、「FBA利用推奨商品」に表示されます。本書で何度も触れているように、FBAを利用するとAmazonが配送するため、購入者の安心感を得られます。コストに見合うようであれば、検討してもよいかもしれません。

## 価格見直し推奨商品

同じ商品を他者がより安く出品している場合、「価格見直し推奨商品」としてお知らせしてくれます。この提案がなされた場合は、ほかの出品者の価格を参考に、最低価格からあまり差が出ないように見直しましょう。

## 改善点をチェック

「コミュニケーション」では、これまでにAmazonから出品者に提案された改善点を確認できます。売上が伸び悩んでいて、どこから手をつけてよいかわからないとき参考になるはずです。

## 在庫量の管理レポート

「在庫量の管理レポート」では、60日以内に2件以上売れた商品の在庫量の指標を確認できます。

週間の平均販売点数や、在庫回転期間の予測日数も一覧で見られるので、仕入れ個数の目安になります。また、在庫切れを起こした商品は、販売機会損失の見積りも表示されます。

図9

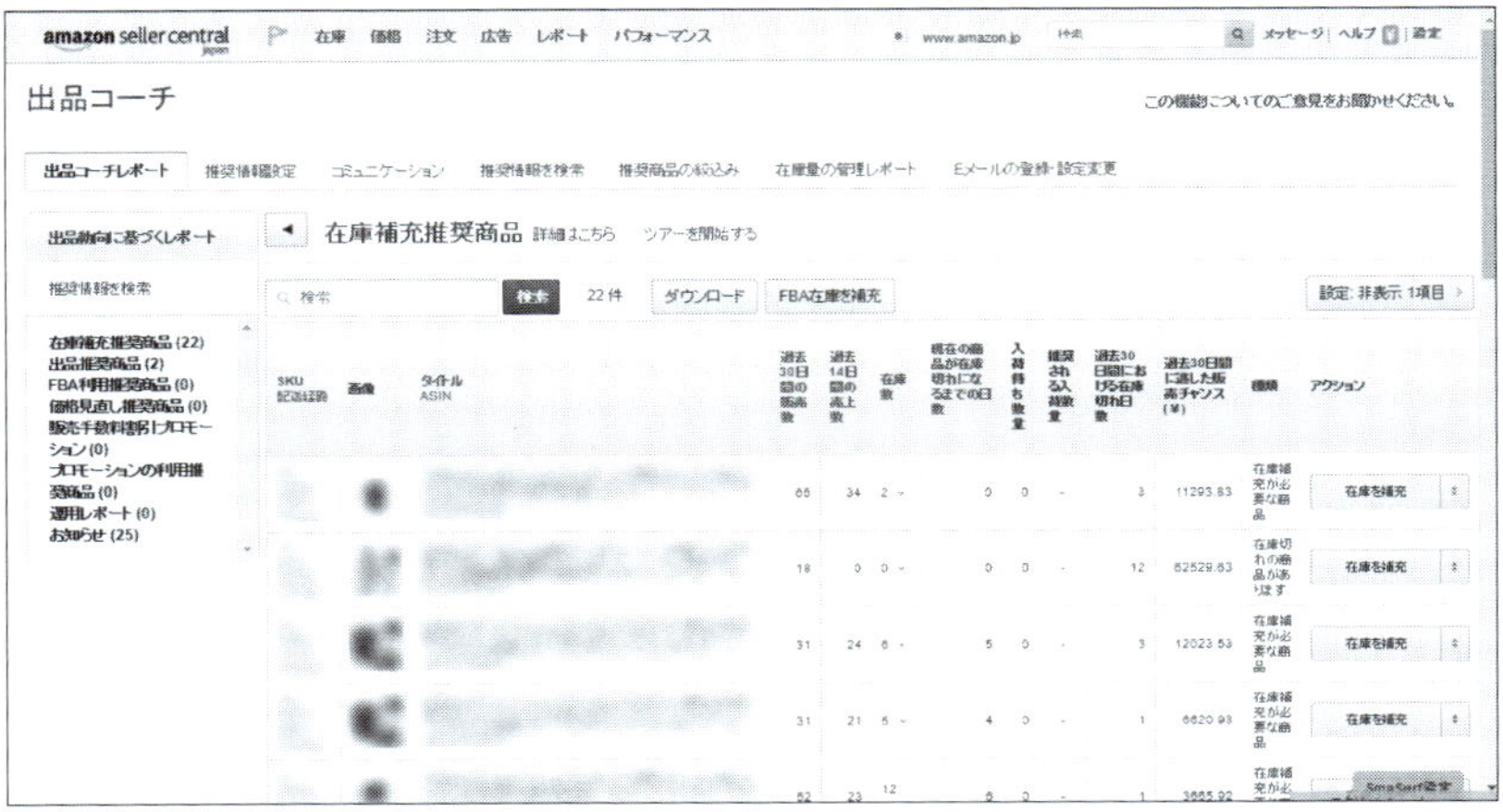

# FBAの在庫保管料を節約しよう！

FBAは便利だけど、なんでも預けると保管料がムダになっちゃいます。

## 在庫健全化ツールを使おう

在庫健全化ツール（図10）とは、FBA在庫を出品者の販売状況や在庫状況にもとづいて、次のようなことを知らせてくれるものです。

・販売機会を損失している商品と予想金額
・余剰在庫になりそうな商品
・購入率の低い商品の注意喚起

FBAの在庫数が増えてくると、1つ1つの商品データを分析して管理するのが難しくなります。在庫健全化ツールは、ムダに費やしているFBA保管料などを削減するのに役立ちます。

もちろん、販売機会を逃している商品や、早急に補充が必要な商品の通知は、売上向上につながります。販売機会を最大限拡大するためにも、しっかり活用しましょう。

## 余剰在庫に気をつけよう

Amazonでは、FBA在庫の保管期限は90日以内を推奨しています。「余剰在庫の管理」では、90日を超える見込みの商品の在庫数や、余剰在庫の推定数を確認することができます。商品の需要予測にもとづき、在庫の推定保管日数も表示されます。

「売れていないわけではないが、在庫が余りぎみ」のような商品は、しばらく納品を見送る、一度FBA在庫から返送するなど、在庫数に対する購入率を上げるように心がけましょう。

商品の動きが乏しい在庫は、「低い購入転換率」という表示がされます。この場合には、商品詳細ページに問題がないか、販売価格が高くないかなどを見直します。あわせて、プロモーションやセラー広告（Chapter7参照）なども検討する必要があります。

## 長期在庫保管手数料に注意！

「FBA在庫の保管日数」では、在

図10

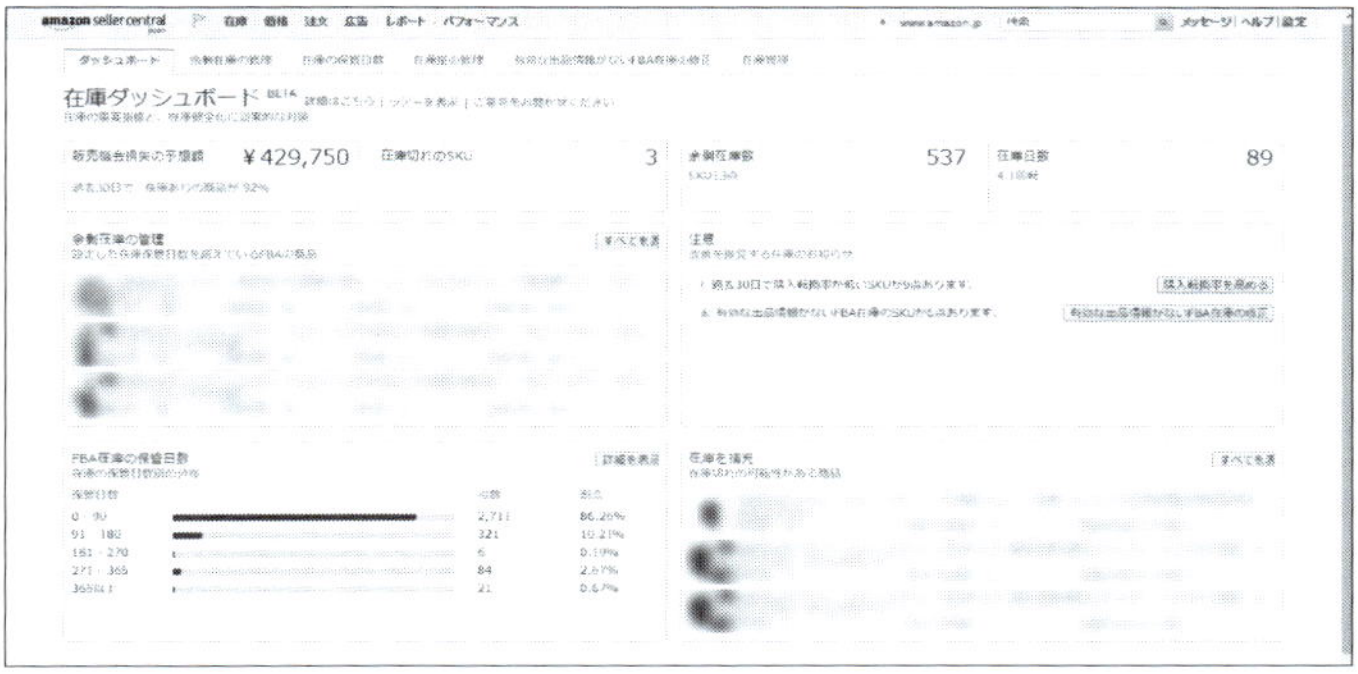

庫数を日数別に調べられます。また、長期在庫保管手数料の見積りも確認することができます。長期在庫保管手数料とは、FBAに6カ月以上保管されている在庫を対象に徴収される手数料のことです(毎年2月15日と8月15日の年2回チェックされる)。**10立方センチメートルあたり約175円**取られるので、在庫量が多いとバカになりません。

　もし長期在庫保管手数料の対象になりそうな商品がある場合は、販売促進の方法を検討してください。逆に、保管日数が短く回転のよい商品は、追加納品を考えるとよいでしょう。

## 在庫数は常にチェック

「在庫を補充」では、出品中で在庫切れになるおそれのある商品を知らせてくれます。過去30日間/14日間の販売点数から、在庫切れまでの日数を予測して表示されます。出品コーチにも同様の機能がありますが、在庫切れはそのまま販売機会損失になるので、常に気を配る必要があります。

## 問題があったらすばやく改善

購入転換率が低い商品は、何かしらの問題があることが考えられます。「余剰在庫の管理」から、商品情報や検索キーワードの編集、広告の申し込み、在庫返送などのページにそのまま移動できるので、すばやく改善しましょう。

## 出品されていない在庫をチェック

「有効な出品情報がないFBA在庫」の欄には、FBAに在庫があるのに出品されていないものが表示されます。出品が取り下げられていないか、商品情報が登録されていない可能性があります。この場合は、売れる機会がないにもかかわらず、在庫保管手数料だけ発生しているので、非常にもったいないです。出荷元が出品者になっている可能性もあるので、商品情報を見て「Amazonから出荷」になっているか確認しましょう。

出品情報はあるものの、「出品中」になっていない場合は、「再出品」を選択して修正できます。ただし、購入者からの返品などで販売不可在庫になっていると再出品できません。その際は、「返送／所有権の放棄依頼」を選択して、FBA在庫から撤収しましょう。

### Column 仕入れで失敗しないための注意点

Amazonというインターネットでの販売の場合、購入者が購買の参考にするのが、商品に対する評価である「カスタマーレビュー」です。

ランキングが高く勢いがあるように見える商品も、カスタマーレビューの低い評価が多いと、価格相場が崩落して利益を出しにくくなることがあります。単純にそのときのランキングを見るだけでなく、カスタマーレビューを参考にしたうえで、仕入れ商品リストに加えるかどうかを検討するようにしましょう。目安としては、最低でも平均3以上の評価は欲しいところです。

また、ハロウィン、クリスマスのようなイベントグッズは注意が必要です。販売時期を逃してしまうと、最悪1年間も商品を在庫として寝かせておかなければならないからです。確かに、イベントグッズはシーズンにはよく売れるので扱いたくなりますが、リスクも考えて在庫を抱え過ぎないよう気をつけてください。そのためには、期間に余裕を持って仕入れの準備をしておくことが大事です。

Chapter 6

# Amazon販売のトラブル対処法

- お客様からクレームが入った
- 悪い出品者評価がついてしまった
- 商品が販売不可在庫になってしまった
- Amazonからアカウント審査の通知が届いた
- Amazonセラーフォーラムに参加しよう

# お客様からクレームが入った

## 迅速な対応がカギ

購入者からクレームがあった場合は、内容を確認して速やかに対処しましょう。対応をおろそかにしてストア評価に低い評価をつけられてしまうと、顧客満足指数が低下し、カートボックスの獲得率に影響を及ぼします。悪評や返品が繰り返されると、出品アカウント停止にもつながるので、十分注意してください。

Amazonでは通常、購入者からの連絡はセラーセントラルの「購入者のメッセージ」に届きます。しかし、まれに出品者ページに記載している電話番号に直接連絡がくるケースもあります。ここでは、それぞれのケースでの対応方法について考えてみます。

## セラーセントラルに連絡が来た場合

### 24時間以内に回答する

「購入者のメッセージ」にクレームが届いたときは、回答時間のパフォーマンスを低下させないためにも、24時間以内に返信する必要があります。すぐに対応が難しい場合は、あとで詳しい対応をするという旨の連絡を24時間以内にするようにしましょう。

### 注文番号を確認する

クレームのメッセージに注文番号が書かれていない場合があります。注文の詳細を確認するために必要なので、この場合はまず購入者に注文番号を尋ねます。

購入者が注文番号や商品名などがわからないときは、Amazonにログインしてもらい、トップページ右上の「アカウントサービス」にある「注文履歴」（図1）をクリックするように促してください。注文履歴の該当商品の欄に、注文番号が表示されます。

ただし、名前や注文日、注文商品などで注文を特定できる場合には、無理にお願いすることはありません。

## 注文の詳細と購入者を調べる

注文番号がわかったら、セラーセントラル右上の検索ボックスに注文番号を入力して、該当の注文を調べます。自分が販売した商品であれば、注文の詳細として購入者の情報が表示されます。

　注文を特定して、クレームの内容を理解したら、購入者に納得してもらえる適切な対応をしましょう。このとき、変に取り繕おうとせず、自分や商品に非がある場合は素直に認め、丁寧な謝罪をしてください。

## 購入者から直接電話が来た場合

購入者から直接電話がかかってきた場合も、まずはどの注文に対するクレームかを特定する必要があります。丁寧に応対しつつ、注文番号など注文を特定できる情報を聞きましょう。

　このときも、内容を確認したら誠意のある対応をしてください。また、電話で聞いた情報では注文が特定できない場合は、Amazonトップページ右下にある「カスタマーサービスに連絡」から連絡してもらうようにしましょう。ここでは、購入者が該当の注文にチェックを入れて問い合わせすることになるので、注文が特定できるはずです。

図1

# 悪い出品者評価がついてしまった

悪い評価がついてガッカリ…。そんなときはお客様と相談して、解決策を探ろう。

## 購入者に連絡して解決策を探る

購入者からの低い評価は、出品者パフォーマンスに影響を与えるだけでなく、商品の売上にも直結します。もし低評価を受けたときは、そのままにせず、解決策を探して、購入者に評価を見直してもらうための努力をします。

低い評価に関して購入者へ連絡するには、セラーセントラルの「パフォーマンス」→「評価管理」→「現在の評価」→「購入者に連絡する」へと進んでください。

## 購入者に評価を削除してもらう

取引で発生した問題が解決したら、低い評価を削除してもらうようにお願いをします。当然ですが、評価の削除は購入者にしかできません。「アカウントサービス」→「注文履歴」→「出品者の評価を確認」に進むと削除できるので、この手順を購入者に伝えましょう。

ただし、削除できるのは評価の送信後60日以内に限られています（図3）。また、評価の削除を強要するような行為はガイドライン違反です。あくまで要望に留めるようにしてください。

## Amazonが評価を削除することも

評価内容がガイドラインに違反していると、Amazonが削除してくれることがあります。評価の内容が出品者に対してでなく、あきらかに商品に対するものだったり、個人情報や卑猥な言葉が含まれていたりする場合は、Amazonに申告してみましょう。

Amazonに評価削除の依頼をするには、セラーセントラルの「ヘルプ」から、お問い合わせページへ移動します。「Amazon出品サービス」を選択し、「購入者からの評価」をクリックして、該当の評価を探してください。Amazonが評価内容をチェックして、ガイドライン違反の場合（表1）は該当の評価を削除してくれます。

## 評価に返答する

購入者が残した出品者評価のコメントに対して、出品者から返答することができます。セラーセントラルの「パフォーマンス」→「評価管理」→「返答する」の順に進むと、コメント入力画面が開きます。

前述の「購入者に連絡する」との違いは、購入者とコミュニケーションを取る手段ではないということです。Amazonに公開されている評価に対して、同じく公開される返答を掲載するものになります。

評価への返答はほかの訪問者も閲覧できるので、どのように問題の修正に取り組んだかを説明して、ストアの印象をよくするような使い方ができます。

表1

| 削除される可能性がある内容 | 説明 |
|---|---|
| 営利目的の投稿 | ほかの企業やウェブサイトに関するコメントやリンクなど |
| 卑猥な言葉または暴言を含む表現 | 丁寧で適切な表現でないもの |
| 個人情報 | 個人を特定できる情報の書き込み |
| 商品に関する意見 | 商品のカスタマーレビューに記載すべきもの |

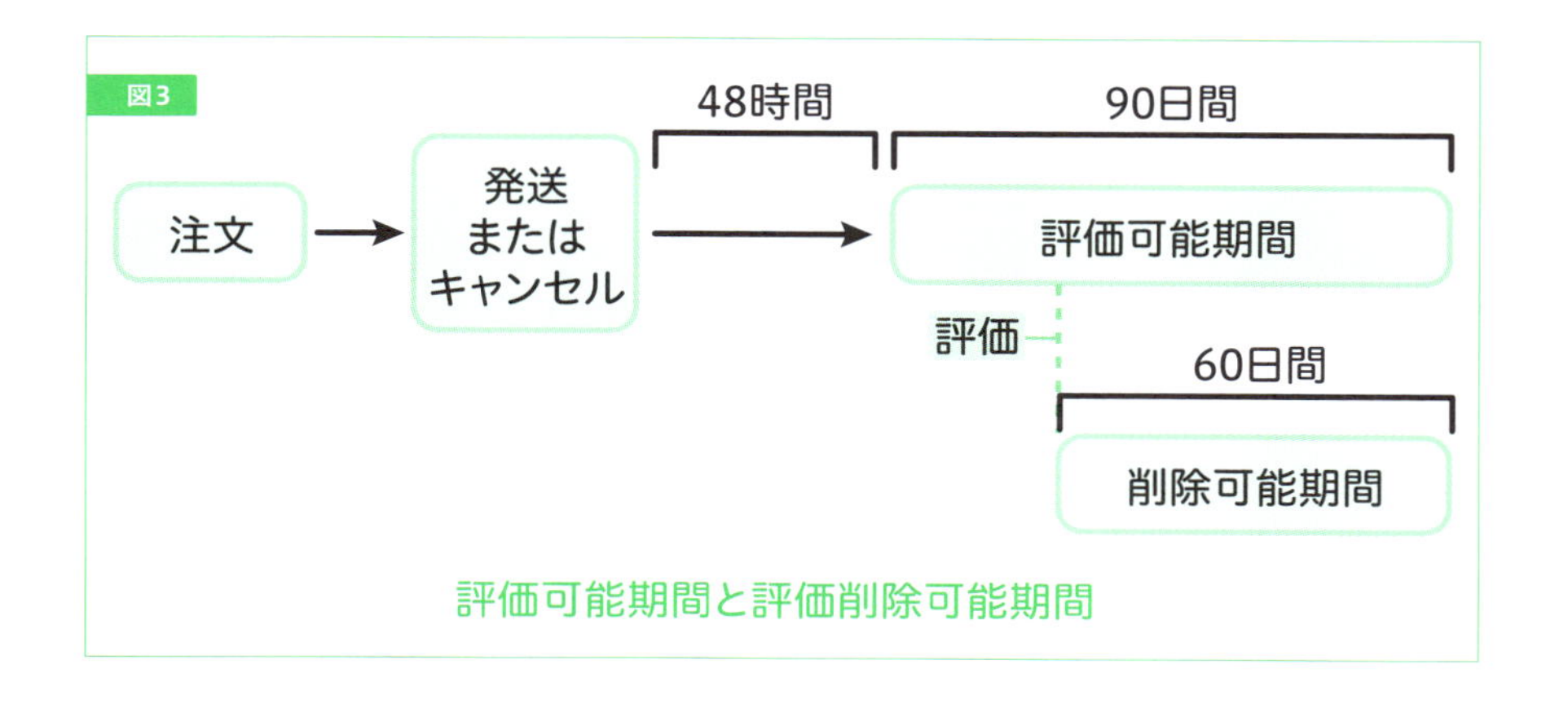

評価可能期間と評価削除可能期間

# 商品が販売不可在庫になってしまった

いったん販売不可になっても、商品に問題がなければ再出品できます。

## 販売不可在庫が発生する理由

FBAを利用している場合、購入者から欠陥品や破損品などの理由で倉庫に返品されると、「販売不可在庫」になります。販売不可在庫は、セラーセントラルの「在庫」の下にある「FBA在庫管理」で確認できます。

Chapter5でも触れましたが、販売不可在庫になると再出品できないにもかかわらず、在庫保管手数料は発生してしまいます。在庫スペースもムダです。そのため、早めに所有権を放棄するか、自分のもとに返送するか、いずれかの手続きをしてください。所有権放棄による処分手数料や、返送手数料については、Chapter4の「FBAを活用しよう」を参照してください。

## 販売不可在庫をもう一度出品するには

販売不可在庫になっていても、実際には欠陥がない場合もあります。Amazonには、30日以内であれば未開封商品は理由を問わず返品できるというサービスがあります。この際、Amazonのシステムで返品理由を入力する必要がありますが、残念ながら購入者が正直な理由を書く保証はありません。つまり、商品に異常がなくても「欠陥品」とされる可能性があることになります。

実際に不具合のある商品かどうかは、いったん返送の手続きをして確認しなければわかりません。できれば返送して商品の状態を見てみることをおすすめします。問題がない場合は、再度FBAに納品すれば出品できます（図4）。

### Column 所有権の放棄をお得に使う

商品によっては、所有権の放棄をするとお得な場合があります。所有権の放棄なら、大きなものでも1個あたり21円で処分してくれます。自治体の粗大ごみや、リサイクル回収に出すよりもはるかに安上がりです。

図4

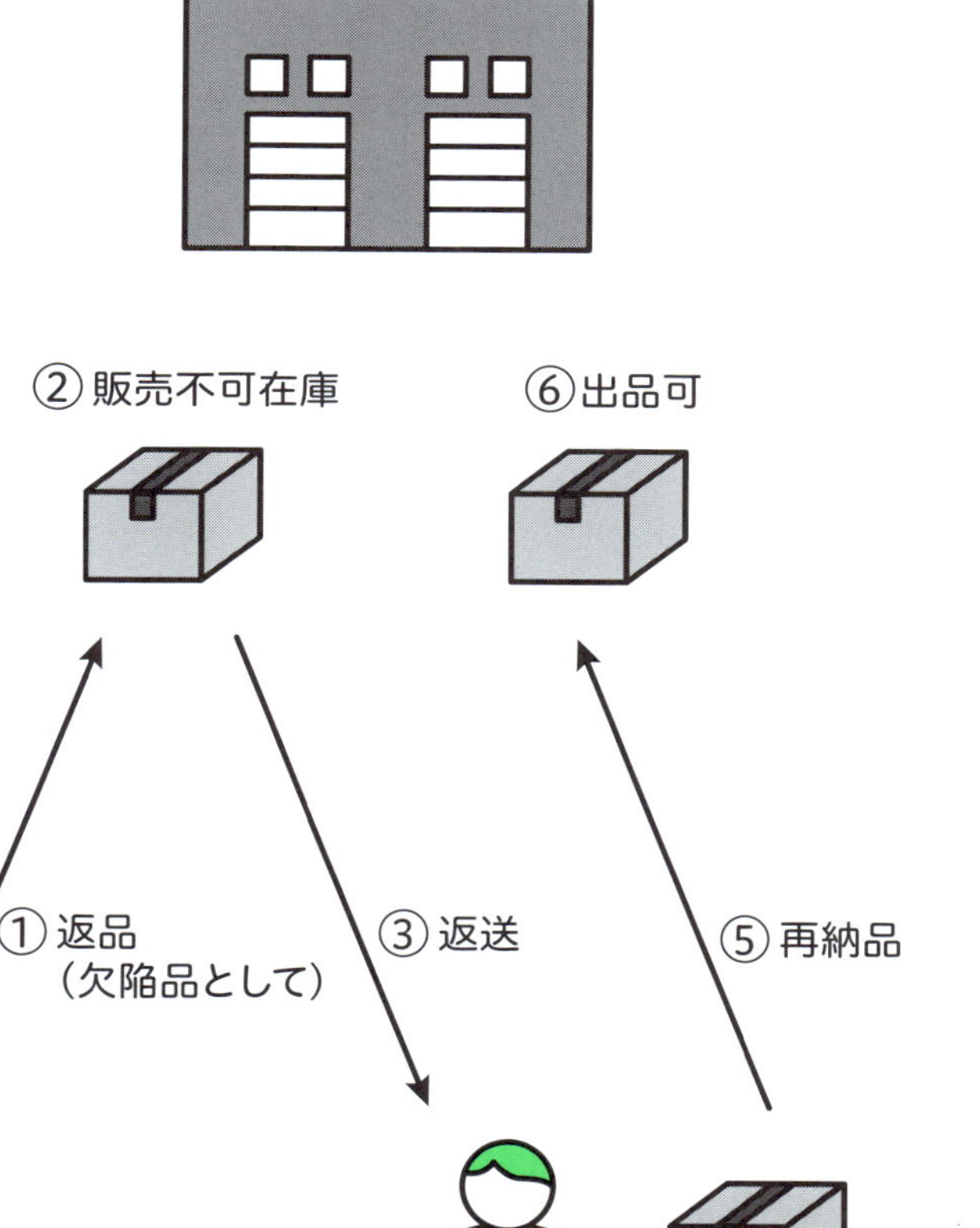
商品を確認して問題がなければ、もう一度出品できる
FBA
②販売不可在庫
⑥出品可
①返品
（欠陥品として）
③返送
⑤再納品
購入者
出品者
④欠陥品では
ないことを確認

# Amazonから アカウント審査の 通知が届いた

## アカウント審査って何?

Amazonには、「アカウント審査」というものがあります。通常は悪質な運営をしているストアが対象になるものですが、健全な運営をしているつもりでも審査の通知が届くことがあるそうです。

アカウント審査の対象になった場合、**売上金の振込が30日間止まってしまいます。** 仕入れ資金などの支払いをAmazonからの入金でまかなっている場合、かなりの痛手になるでしょう。

審査対象になる具体的な理由は公開されていませんが、原因として考えられるものをいくつかピックアップしてみます。

## 取引限度額を超えた

出品アカウントには、出品者が確認することができない「取引限度額」が設けられていて、超過した場合に審査をし、額を引き上げるか検討することがあるようです。取引限度額の増額に関しては、Amazonの審査結果を待つほかありません。

## その他の審査理由

次に挙げるケースも、アカウント審査の対象になる可能性があります。

- 取引全体に占める返品の割合が、一定の基準を超えている
- 購入者から継続して低い評価がついている、または評価がない
- 出品アカウント開設当初から高額商品を販売している
- 新規IDで大量に販売した
- 購入者からのクレームが多い
- 規約違反があった
- マーケットプレイス保証の申請数が多い
- 出荷遅延率が高い
- 出荷前キャンセル率が高い

## 審査期間を縮めるために

アカウント審査が行われているときは、次の情報を提供することで、審査期間を短縮できる場合があるそうです。

- 出品開始時期または取引期間
- 在庫の調達元
- Amazonでの月間予想売上額
- 出荷可能な状態の商品数
- 販売元の住所
- 同じ商品を出品しているサイトのURL
- 直近の出荷商品の追跡情報

## アカウントが停止／取消されたら

アカウントが停止または取消になるまでには、いくつかの段階があります。まず出品商品への警告が届き、次に出品アカウントが一時停止され、最後に停止または取消になることが多いようです。

もし、一時停止や取消になってしまったら、速やかに運営を見直して、Amazonに改善計画書を提出してください。以下のWebページで、Amazonが用意したテンプレートを参照できます。

Amazonヘルプ「出品権限の一時停止または取消への対応」
URL https://www.amazon.co.jp/gp/aw/help/id=200421190

アカウントが閉鎖されてしまうと、入金が90日間留保されます。FBA在庫はすべて返送、もしくは破棄するよう促されます。

一度アカウントが閉鎖されると、再開させることはかなり難しいようです。さらに新規アカウントも作成できなくなるので、Amazon出品サービスから永久追放されることになります。くれぐれも、出品規約や出品者パフォーマンスには気をつけてください。

利益を追いかけすぎて、顧客対応の手を抜かないように気をつけよう。

# Amazon セラーフォーラムに参加しよう

困ったときに頼りになるのは、出品サービスを利用している仲間たちです。

## セラーフォーラムで悩み相談

Amazonで出品を続けていく中で、さまざまなトラブルに遭遇することがあると思います。もし、自分1人では解決が難しい状況に陥ったり、出品に関する疑問を抱いたりしたら、「Amazonセラーフォーラム」に参加してみましょう。ここでは、出品者同士でアイデアや意見を交換することができます。セラーフォーラムへは、セラーセントラルのトップページ左下のリンクから入ることができます。

## ベテランセラーもAmazonの管理人も回答してくれる

セラーフォーラムでは、**経験豊富なセラーに相談できる**ので、解決策が見つかる可能性は高いはずです。1つの質問に対して、複数のセラーから回答を得られるので、**異なる視点から解決策を見出せる**のもメリットです。また、過去に投稿されたスレッドも閲覧可能です。自身の悩みと近い内容の投稿があれば、それを見るだけで解決できるかもしれません。

ただし、セラーフォーラムでの質問に対する回答は、各セラーの経験や知識にもとづくもので、絶対正しいとは言い切れません。なるべく自分でも確認するようにしましょう。

なお、各スレッドには**セラーフォーラム管理人**が巡回しており、Amazonの仕様に関する投稿に対して回答してくれます。

## セラーフォーラムのカテゴリー

セラーフォーラムは、5つの「大カテゴリー」と13の「小カテゴリー」で構成されています。大カテゴリーの種類は次のとおりです。

- Amazon出品サービス
- フルフィルメントby Amazon
- 海外での販売
- フィードバック

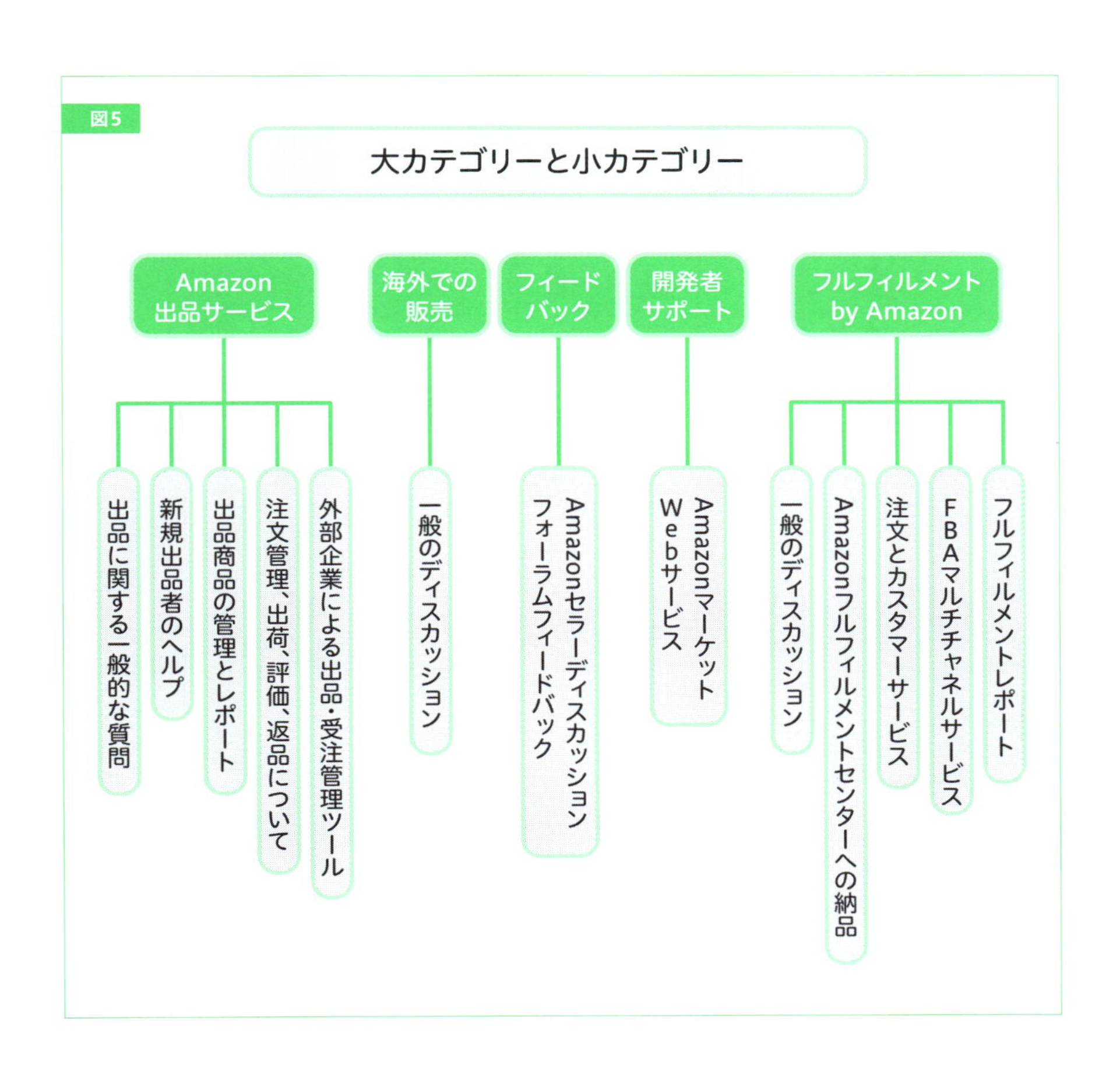


・開発者サポート

これらの中に、より具体的な小カテゴリーがひもづいています。相談内容に合うカテゴリーを探してみてください（図5）。

## 回答に対する評価

もちろん、ほかの出品者が投稿した質問に対して回答することもできます。そして、質問者は回答を評価できるしくみになっています。評価は「役に立った」と「正解」の2種類です。質問者がいずれにも該当しないと思った場合は、特に評価はされません。

また、投稿者が質問に対して満足のいく回答が得られたと判断した場合は、投稿のステータスを「回答済み」として、ほかの出品者に示すことができます。

## 回答者のスコア

回答者が評価されると、ポイントが付与されます(買い物に使えるAmazonポイントではない)。ポイントの合計が「スコア」となり、セラーフォーラム内で一種の信頼度の目安になっています。

「正解」は10ポイント、「役に立った」は5ポイントもらえます。また、各投稿の下には「この回答は役に立ちましたか?」という質問があり、ここで「はい」を押してもらえると、1件あたり1ポイントつきます。

ポイントの合計が一定の基準に達すると、「スコアレベル」に応じたアイコンが付与されます(表2)。

表2

| 必要なポイント | セラーフォーラムスコアレベル | アイコン |
|---|---|---|
| 2000 | エース |  |
| 750 | エキスパート |  |
| 300 | ガイド |  |
| 50 | ファン |  |
| 5 | 初心者 |  |

# Chapter 7

# もっと稼ぎたい人のために

- プロモーションをかけて拡販しよう
- タイムセールを開催してみよう
- 広告を出そう！① スポンサープロダクト編
- 広告を出そう！② ディスプレイ広告編
- 商品画像をレベルアップ！
- 同人誌やインディーズCDを販売しよう
- 販売代理店になろう
- Amazonベンダー取引をしよう
- FBAマルチチャネルサービスで販路を広げよう

# プロモーションをかけて拡販しよう

値引きやプレゼントで、
攻めの販売をしよう!

## プロモーションの種類

Amazonの販売を促進する機能として、「プロモーション」があります。プロモーションには次の種類があります（図1）。

・配送料無料
・購入割引
・1点購入でもう1点プレゼント
・告知のみ

プロモーションを設定することによって、購入者に自分のストアで購入してもらうメリットを提示し、**ほかの出品者との差別化**を図ることができます。また、まとめ買いを助長して、購買率を高める効果もあります。**独自の特典**をつけて、売上アップを狙いましょう。

## 対象商品を決める

プロモーションは、セラーセントラルの「プロモーション管理」から設定できます（図2）。まずは「商品セレクション」を作成することになりますが、これはプロモーションの対象になる商品リストのことです。

商品セレクションは、SKUリスト、ASINリスト、ブラウズノードIDリスト、ブランド名リスト、商品セレクションの組み合わせのうち、いずれかのタイプを選択してリストにします。

## 配送料無料

「配送料無料」のプロモーション（図3）では、「一定の金額あるいは数量以上の購入で配送料無料」のように、商品の購入条件によって配送料を無料にすることが可能です。

このプロモーションを行うことにより、**検索結果画面にキャンペーン情報として表示され、閲覧数アップの期待ができます**。また、商品詳細ページにキャンペーン詳細が表示されるので、購入転換率が向上する可能性もあります。

なお、FBA利用の商品、本、C

図1

プロモーションの種類

| 配送料無料 | 購入割引 |
| --- | --- |
|  FREE<br>一定の金額、または<br>一定の数量以上の購入で<br>配送料を無料にする | 一定数量ごと、または<br>最低数量以上の購入で<br>割引を適用する |
| **1点購入でもう1点プレゼント** | **告知のみ** |
| 一定数量ごと、または<br>最低数量以上の購入で<br>もう1点プレゼントする |  夏期休業<br>の<br>お知らせ<br>長期休暇や<br>独自サービスなどを<br>告知する |

D、レコード、ビデオ、DVDは配送料無料にできません。

## 購入割引

「購入割引」のプロモーションでは、数量を指定して割引できます。一定数量ごとの割引、あるいは割引になる最低数量を設定します。

配送料無料のプロモーションと同様に、検索結果画面や商品ページにキャンペーン情報として掲載されます。これにより、**まとめ買いを促す**効果を期待できます。

## 1点購入でもう1点プレゼント

「1点購入でもう1点プレゼント」も、数量を指定するタイプのプロモーションです(図4)。一定数量ごと、あるいは最低数量を超えた場合、商品をもう1点プレゼントするというものです。これも、まとめ買いを促すために行います。

1点購入でもう1点プレゼントのプロモーションでは、**販売する商品と異なるものを提供することはできません**。同一商品でない場合は、景品表示法による規制を受けます(詳しくは、「総付景品」で調べてみてください)。

## 告知のみ

「告知のみ」は、ほかのプロモーションと違い、自動的に特典を与えるものではありません。購入者に対して告知のみを行います。たとえば、商品詳細ページに長期休暇のお知らせや、独自の提供サービス(ギフトオプション)についての情報を掲載できます。

告知のみのプロモーションも、FBA利用の商品、本、CD、レコード、ビデオ、DVDには設定できません。

### Column 休暇を告知する際の注意点

休暇の告知をする場合、プロモーションを設定しても、自動的にリードタイム(出荷までにかかる作業日数)が変更されるわけではありません。別途、リードタイムを設定する必要があるので気をつけてください。

Chapter2でも触れましたが、リードタイムは、セラーセントラルの「在庫」から「在庫管理」に移動し、「商品の編集」→「出品情報」へと進み、「注文から出荷までの日数」で設定できます。休暇明けには設定を戻すことを忘れないようにしましょう。

図2

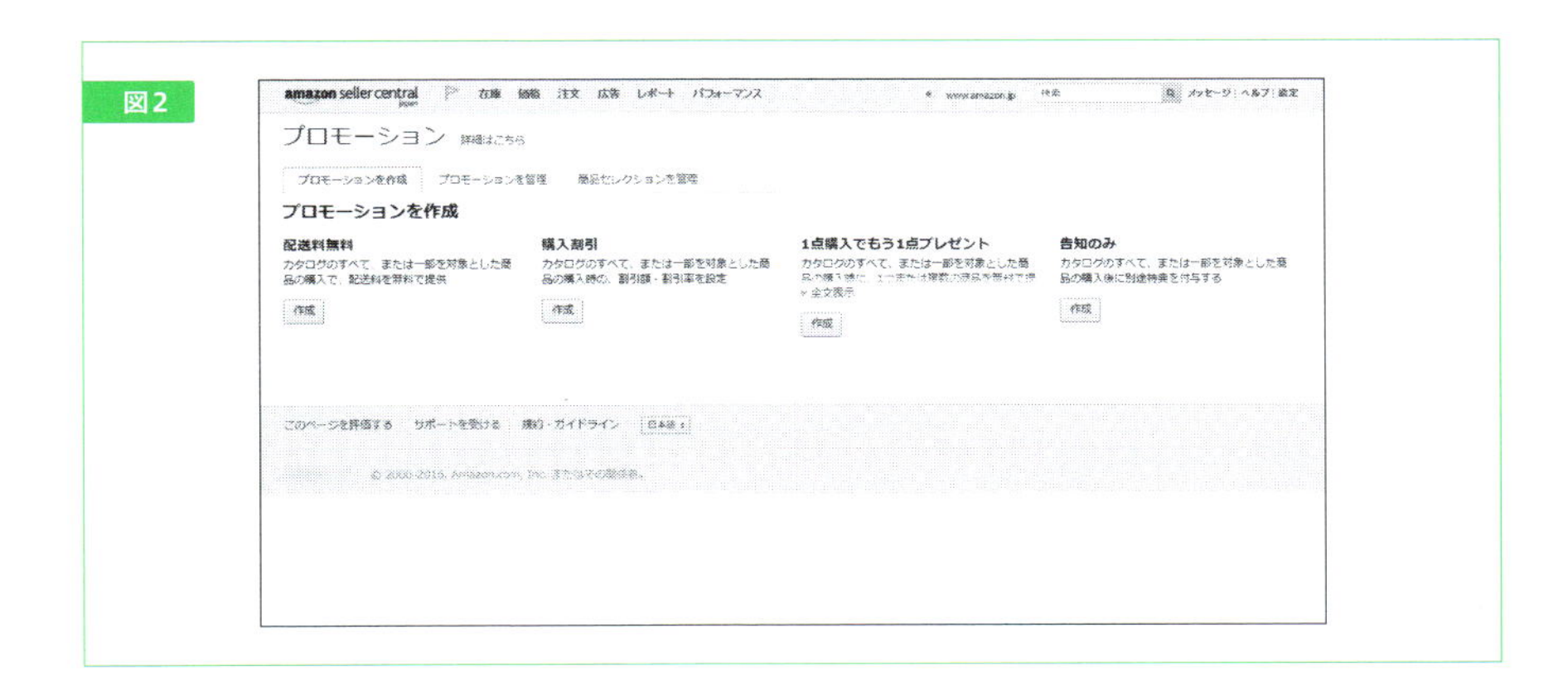
プロモーション
プロモーションを作成
配送料無料
カタログのすべて、または一部を対象とした商品の購入で、配送料を無料で提供
作成
購入割引
カタログのすべて、または一部を対象とした商品の購入時の、割引額・割引率を設定
作成
1点購入でもう1点プレゼント
作成
告知のみ
カタログのすべて、または一部を対象とした商品の購入後に別途特典を付与する
作成

図3

プロモーションを作成: 配送料無料
プロモーション管理
プレビュー
ステップ1: 条件
適用条件
購入商品
プロモーション内容
次に適用
対象配送オプション
詳細オプション
ステップ2: 実施時期

図4

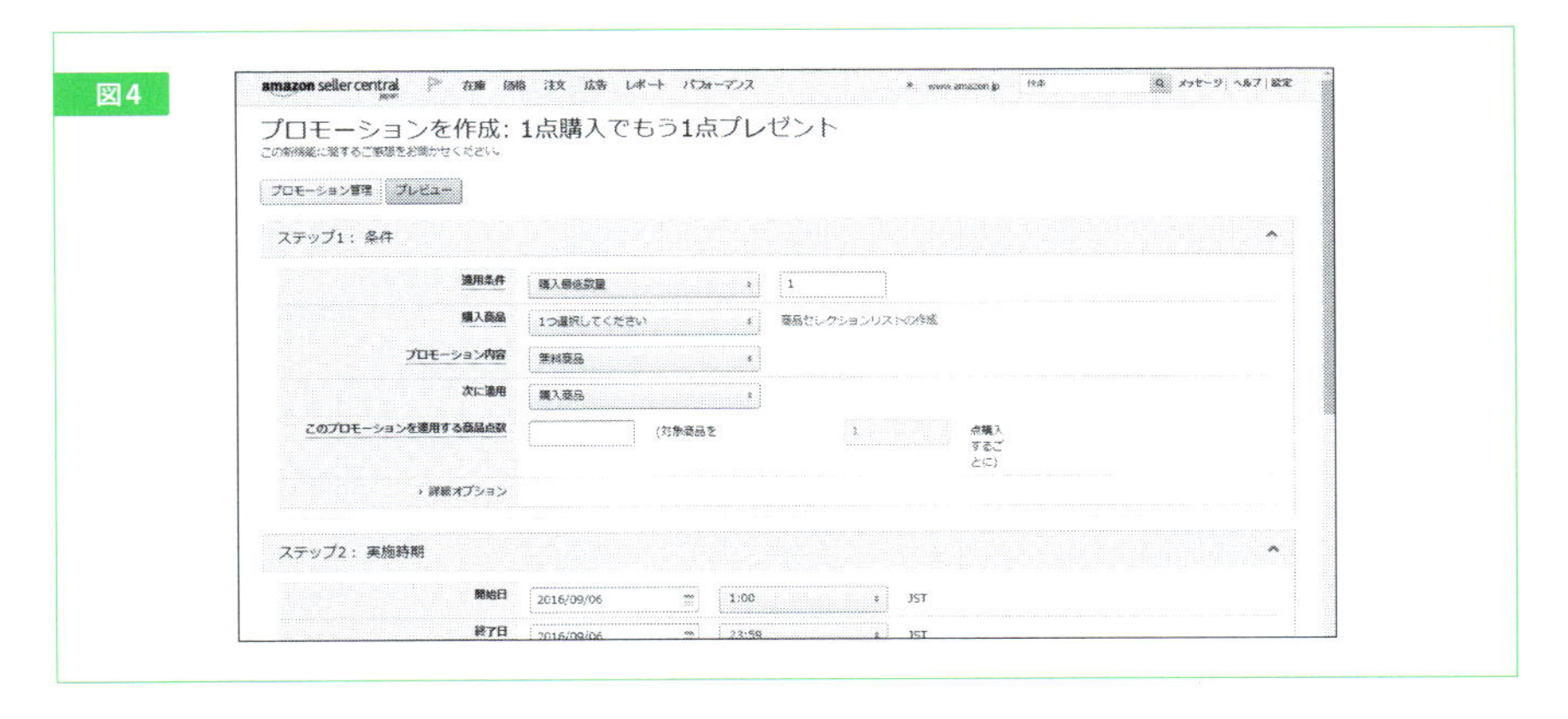
プロモーションを作成: 1点購入でもう1点プレゼント
プロモーション管理
プレビュー
ステップ1: 条件
適用条件
購入商品
プロモーション内容
次に適用
このプロモーションを適用する商品点数
詳細オプション
ステップ2: 実施時期
開始日
2016/09/06
終了日
JST

# タイムセールを開催してみよう

タイムセールは客寄せに効果があります。

## タイムセールとは?

実店舗と同じように、Amazonでも「数量限定タイムセール」の開催を申請できます。ただし、何でもよいわけではなく、特定の基準を満たさないと申請できません。少なくとも、表1の点を満たしている必要があります。

## 対象外の商品

たばこ関連商品、アダルト、下着、水着、医療機器、薬品はタイムセールの申請ができません。これに限らず、「一部のカテゴリーや不快感を与えるような不適切な商品」も不可とされています。

表1

| ✓ | チェック項目 |
|---|---|
| □ | ＦＢＡを利用している商品 |
| □ | 割引率が 20% 以上 |
| □ | 商品ごとに指定されている最低数量以上 |
| □ | 申請した限定数量以上の在庫がある |
| □ | カスタマーレビューの星の数が一定以上 |
| □ | バリエーションがある商品は、全バリエーションの 70% 以上を対象とする |

## タイムセールは認知度アップに有効

タイムセールはAmazonの中でも注目度の高いセールなので、商品の露出を増やし、認知度を高める効果が大きいといえます（図5）。

表1の記載にあるように、通常販売価格から20％以上の割引をしなければいけないので、タイムセールで大きな利益を得るのはなかなか難しいかもしれません。

しかし、売れているのにカスタマーレビューが少ない商品にレビューをもらうためや、商品のランキングを上昇させるための起爆剤としては、バッチリ活用できそうです（図6）。

図5

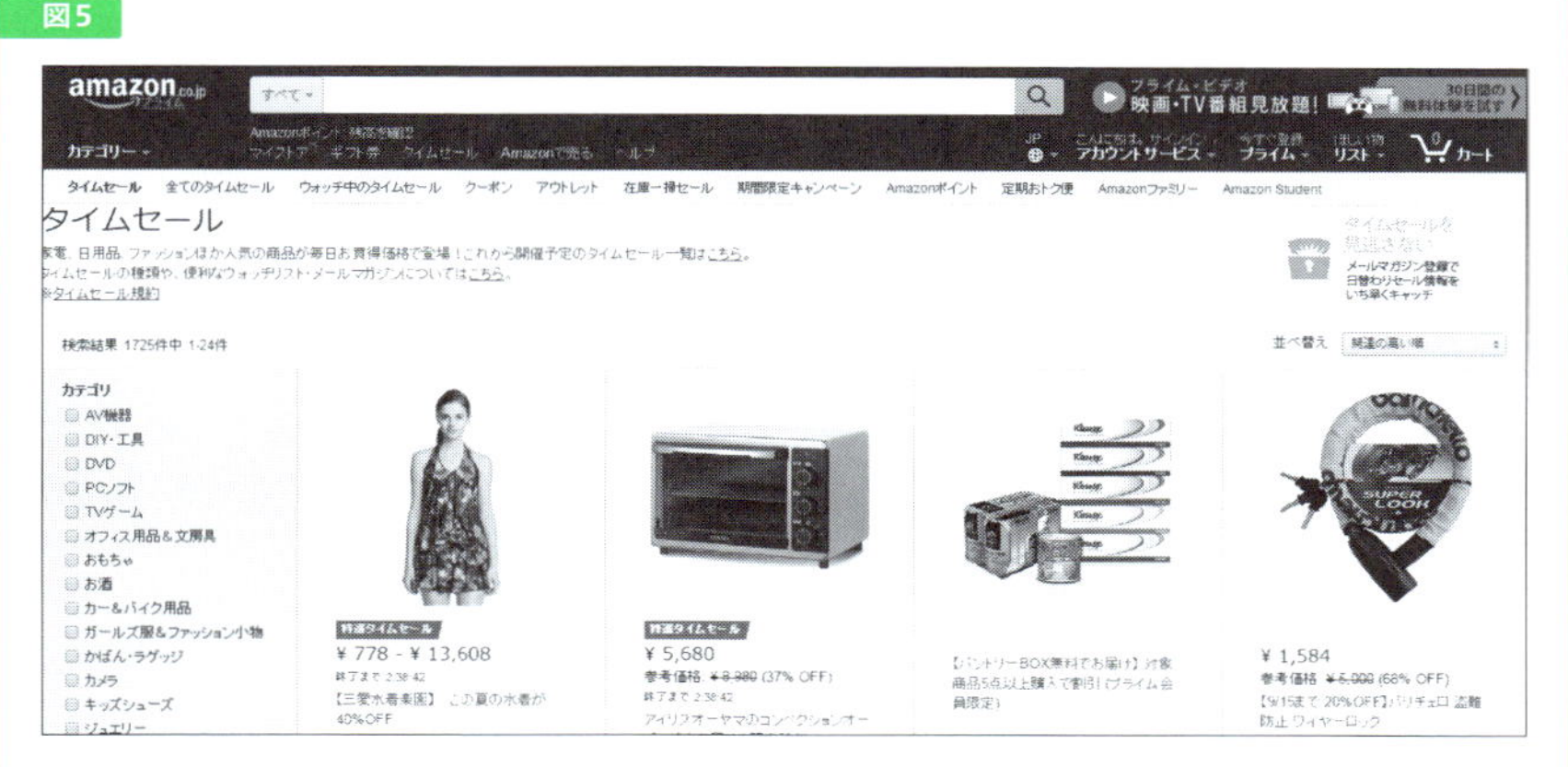

図6

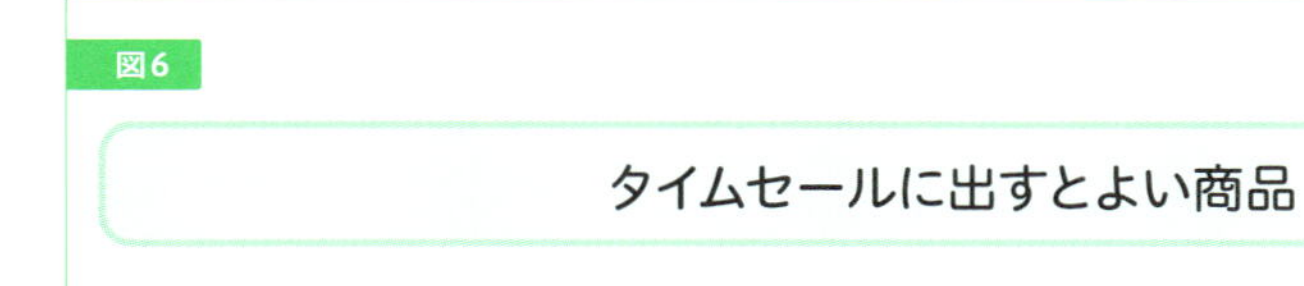

カスタマーレビューを
増やしたい

商品ランキングを
上げたい

# 広告を出そう！①スポンサープロダクト編

ある程度の売上になってきたら、広告を出してさらに増売を目指そう。

## セラー広告を活用する

Amazonで集客数を上げる方法として、欠かせないのが「セラー広告」です。

扱っている商品が有名なブランドやメーカーの商品であれば、広告はあまり必要ないかもしれません。放っておいても商品のブランド力で勝手にお客様が集まってくるからです。しかしそれも、ブランドやメーカーがテレビや雑誌などのメディアに広告を出したり、実店舗で販売したりなどして、認知度を高めているおかげです。

そう考えると、認知度の低い商品を扱うときは、お客様がやって来るのを「指をくわえて待つだけ」というのは得策ではありません。Amazonではセラー広告をうまく使うことによって、有名メーカーの商品より高い売上にすることも十分に可能です。

セラー広告は、セラーセントラルの「広告」からキャンペーンマネージャーを開いて設定します（図7）。

## スポンサープロダクトとは？

「スポンサープロダクト」とは、1日の予算を決めてAmazonに出す広告です。**ユーザーがクリックしたら課金される**しくみなので、広告が表示されただけなら料金は発生しません。

この広告は、**ショッピングカートボックスを獲得している商品だけが掲載対象**となります。獲得していない商品でも設定することはできますが、広告は掲載されません。

## 検索キーワードを決めよう

スポンサープロダクトを利用するには、まず商品と検索キーワードを設定します。キーワードは「部分一致」「フレーズ一致」「完全一致」の3タイプから選んで設定できるので、高度な広告を出すこともできます。キーワードが競合した場合は、入札額の高いものが上位ページを獲得できます。

キーワードの選定に悩んだときは、「オートターゲティング」を利用すると、購入者が対象商品に関連するキーワードを入力したとき、自動で表示してくれます。広告主がキーワードを考える必要がありません。

## 予算と期間

前述のとおり、1日の平均予算を最初から設定するので、想定外の費用がかかる心配はありません。

また、自分で開始日と終了日を決められます。特に期間を決めない場合は、未定としておけば自動的に継続されます。

## 効果を確認する

設定した広告の効果は、「キャンペーンマネージャー」に表示され、1件ごとの広告費用、売上、ACoSを確認できます。ここでいう「売上」とは、広告がクリックされてから1週間以内に購入されたもののことです。ACoSは「広告費用÷売上」で計算されます。

キャンペーンマネージャー上では、各種設定の変更もできます。

## 対象外の商品

ショッピングカートを獲得していない商品のほかにも、カテゴリーとして対象外になっているものがあります。本、アダルト商品、中古品、再生品、電子タバコ関連商品はスポンサープロダクトを設定できないので、注意してください。

図7

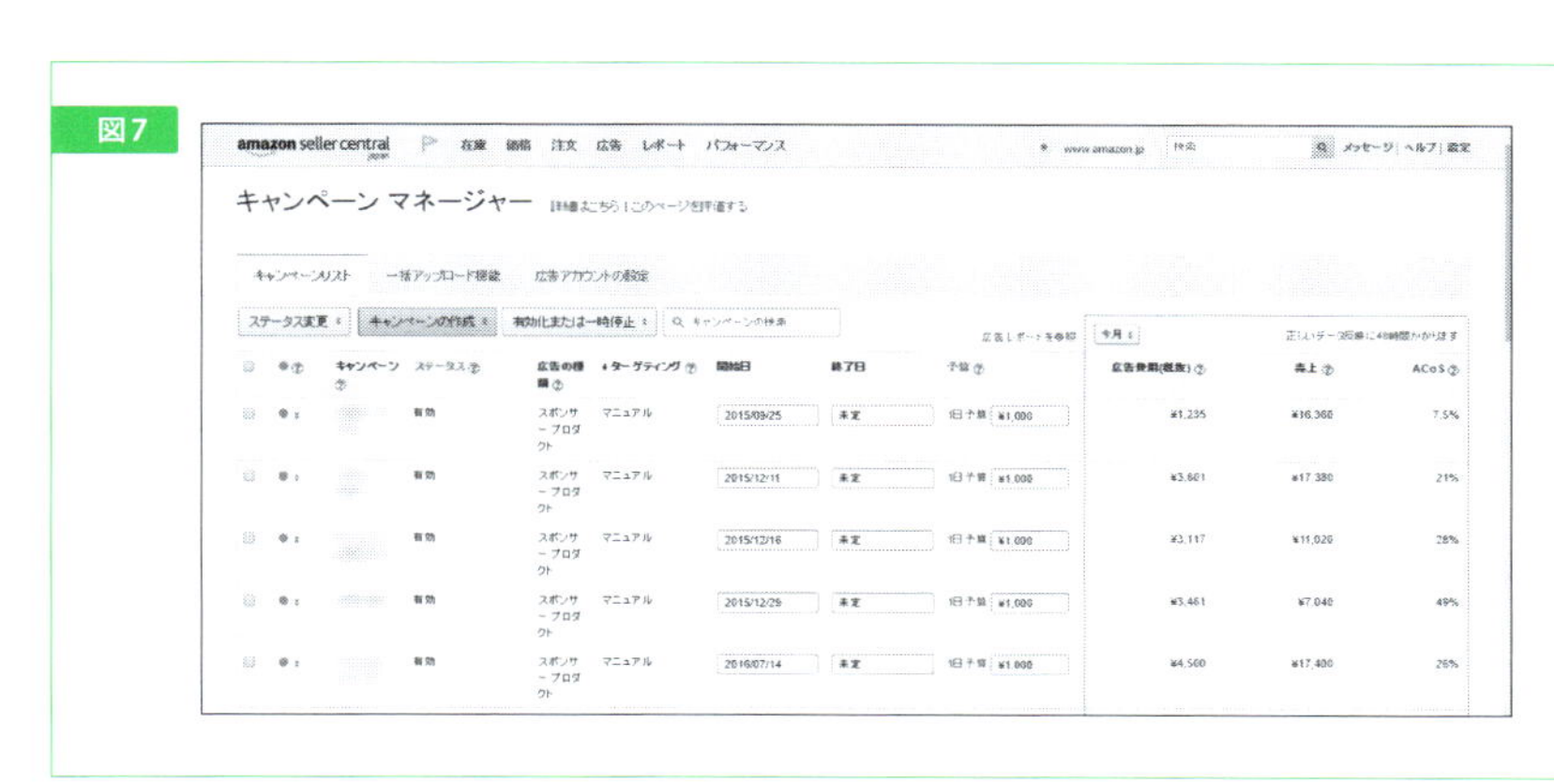

# 広告を出そう！②ディスプレイ広告編

複数商品をまとめて広告にすれば、ブランディング効果も狙えます。

## ディスプレイ広告って何？

「ディスプレイ広告」は、Amazonのトップページをはじめ、サイト上のさまざまな箇所で表示されるバナー広告(画像つきの広告)です。

スポンサープロダクトのように、入札により広告枠を獲得し、ユーザーにクリックされたときに広告料が課金されます。あらかじめ通算予算も設定し、その金額に達した時点で配信が止まります。スポンサープロダクトとの大きな相違点は、複数商品をまとめて宣伝できるところです。

## 広告配信ペースを選ぶ

ディスプレイ広告には、2種類の広告配信ペースがあります。「スピード配信」は、通算予算をできるだけ早く消化するように広告表示を行います。もう1つの「標準配信」では、通算予算をキャンペーン期間中で均等に配分します。

## 広告リンク先を選ぶ

さらに、広告リンク先も選択できます。選択肢は「複数商品ページ」と「単一商品ページ」の2つがあり、単一商品ページの場合は1つの商品に特化した広告になります。ブランドを宣伝したい場合や、複数の商品群のイメージ広告を出したいときは、複数商品ページを選択しましょう（図8）。

また、広告枠によっては特定の興味や関心を持つユーザーにターゲットを絞ることもできます。

## ディスプレイ広告の条件

ディスプレイ広告を利用するためには、大口出品者として販売実績があり、有効なクレジットカード情報が登録されている必要があります。

また、広告リンク先を単一商品ページにする場合は、ショッピングカートボックスを獲得していないと表示されません。複数商品ページに設定した場合は、カートボックスを獲得していなくても表示されます。

### 掲載できない商品

Amazonの競合にあたるもの、中古品、アダルト、たばこ関連商品、アルコール類などは掲載できません。Amazonが広告掲載禁止の商品と内容を定めているので、確認しておきましょう。

Amazon広告メニュー「広告掲載禁止」
URL https://www.amazon.co.jp/gp/browse.html?node=2444400051

図8 バナー広告（複数商品）のイメージ

大人の女性の
文房具
BUNBODO

## Column ディスプレイ広告のガイドライン

ディスプレイ広告の掲載にあたっては、厳しいクリエイティブガイドラインが設けられており、審査をクリアした広告のみが掲載されます。

たとえば広告バナーを作成する際には、バナーの中に店舗名または店舗ロゴの記載が必須になります。うっかり忘れてしまうと広告掲載されませんので、バナーを作成する際には注意しましょう。ほかにも、ユーザーに不快感を与えるもの、サイトの提供サービスに負荷を与えるものなどが禁止されています。

ディスプレイ広告の掲載を申し込む際には、Amazonが定めるクリエイティブガイドラインをよく確認して審査に臨むようにしましょう。

# 商品画像をレベルアップ！

Amazonのルールを守りながら、最大限魅力的な画像を用意しよう。

## 商品画像は大切！

流入数と購買率に大きな影響があるのが商品の画像です。同じ商品でも鮮明できれいな画像のほうが目を引くのは言うまでもありません。商品ページを作成するときは、しっかり気を配る必要があります。

## メイン画像のルール

ただし、Amazonが定めているルールを破ってはいけません。メイン画像においては、次の基準が決められています。

・商品を正確に表示する
・販売商品のみ表示する
・コーディネート品は省くか最小限にする
・背景は純粋な白にする
・商品の一部でない文字、ロゴなどを掲載しない
・商品が画像全体の85％以上

また、最小の画像サイズは、縦または横のどちらか長いほうが500ピクセル以上、最大サイズは同じく2100ピクセル以内です。画像のファイル形式は、JPEG、GIF、PNGが使用可です。メイン画像にグラフィックやイラストを使うことはできません。

## サブ画像のルール

サブ画像に関しては、メイン画像のような背景の指定や、商品の比率の決まりはありません。ただし、メイン画像と別角度のものや、使用方法などの掲載が推奨されています。

## ズーム機能

商品詳細ページの画像でズームされるのは、画像の最長辺のいずれかが1000ピクセル以上の場合です。この機能が使えるような解像度で、かつ鮮明な画像を用意するのがおすすめです。

以上をふまえて、ルールに則った

形式で注目を集める画像を撮影し、登録しましょう。

## 撮影会社に依頼する

魅力的な商品画像にするために、プロの撮影会社に依頼するという手があります。自分でデジカメやスマホのカメラで撮影したものと、きちんとした機材を使ってプロが撮影したものとでは、明確な差が出ます。

また、撮影会社に依頼するとモデルを使った撮影ができるのもメリットです。特にファッションアイテムや、人物を入れて使用方法を説明するとわかりやすいアイテムなどの場合は非常に有効です。これらの商品では、モデルの有無は売上を左右します。長く販売したいものほど、プロに依頼することをすすめます。

### Column おすすめの撮影会社

筆者おすすめの撮影会社はバーチャルインです（図9）。Amazon出品商品の撮影に慣れているので、安心して依頼できます。

1商品1カット300円、1商品5カットで1000円と、価格がとても安いのもポイントです。商品撮影と商品ページの画像制作がセットになったプラン（5000円）もあり、撮影した写真にバリエーションやキャッチコピーを入れてくれます。

もちろん、モデルと一緒に撮影できるプラン（1000円～）、もあるので、ファッション関連商品などの場合は、依頼を検討してみましょう。
※価格はいずれも税抜き（2016年8月時点）

株式会社バーチャルイン
URL http://www.photo-o.com/

図9

# 同人誌やインディーズCDを販売しよう

自分の作品を広めたいときも、Amazonを利用してみよう!

## e託販売サービスを利用する

Amazonには「e託販売サービス」というサービスがあり、個人で作った同人誌や、自主制作のDVDあるいはCDなどの販売代行をしてもらえます。Amazonが在庫を保管し、顧客への商品販売、配送、サポートを提供します。ちなみに、このサービスは個人に限らず企業も利用できます。e託販売への参加条件は、表2のとおりです。

自主制作した商品がAmazonという認知度の高いサイトで販売されるので、ブランディング効果としてはかなり期待できるといえます。

委託が可能な商品は、書籍、雑誌、CD、レコード、DVD、ブルーレイ、ビデオゲーム、ソフトウェアです。

表2

| ✓ | チェック項目 |
|---|---|
| □ | 委託する商品に、ISBN バーコードもしくは GS1 事業者コード（JAN バーコード）が印刷されていること（バーコードシール貼付も可） |
| □ | 委託する商品の販売権を有していること |
| □ | 委託販売が可能な商品であること |

## GS1事業者コードを取得しよう

出版社などが発行する書籍には、ISBNコードと書籍JANコードが明記されますが、これらはコードの管理会社の認定がないと取得できません（書店や図書館に流通させたい場合に必要）。しかし、Amazonに納品するだけなら、GS1事業者コードの取得だけで構いません。

GS1事業者コードの登録申請は、流通システム開発センターのホームページで行うことができます。メールアドレスを登録し、送られてきた申請フォームに必要事項を入力して、登録申請料を支払えば手続き完了です。申請内容に不備がなければ、約7営業日でGS1事業者コード登録通知書が郵送で届きます。

一般財団法人 流通システム開発センター

URL http://www.dsri.jp/jan/

## e託販売にかかる費用

### 年会費

e託販売サービスの年会費は9000円(税抜)です。商品を配送センターに送付する際の送料と、返品の送料は参加者の負担となります。

### 仕入掛率

仕入掛率とは、商品価格に対してAmazonに納める金額の率のことです。たとえば、商品価格が1000円で、仕入掛率が60%の場合、Amazonへ納める金額は600円になります。

和書、CD、DVDの仕入掛率は60%、ソフトウェア、ビデオゲームは63%と、種類によって一律に決められています。

## 支払いサイクル

売上金は、翌々月末までに登録した銀行口座に入金されます。出品サービスと比較すると、かなりスパンの長いサイクルなので、ゆとりをもって臨む必要があります。

## 認知度を高めるために使おう

仕入掛率や支払いサイクルなどから考えて、商品の販路としてはあまり魅力がないように映るかもしれません。しかしながら、「Amazonという大手サイトで自主制作商品の認知度を高めたい」、「Amazonの集客力を情報発信のために利用したい」という場合には適しているサービスだと思います。

また、販売業務をすべてAmazonが担うので、自分の住所や連絡先などの個人情報を公開する必要がないことも、メリットと考えられます。

# 販売代理店になろう

少しハードルが高いけど、仕入の安定感はバツグン！

## 個人でも販売代理店になれる

販売代理店とは、メーカー（生産者）が製造または販売している商品を仕入れて、消費者に販売する小売業者のことを指します。販売代理店になるためには、メーカーが取り扱っている製品の再販売権を取得しないといけません。つまり、販売の許可をもらう契約を結ぶ必要があります。

すでに認知度があり、ある程度販売の見込みが立つ商品を扱えるところが、販売代理店の魅力といえるでしょう。

## 販売代理店をはじめるには

販売代理店になるにはいくつかの方法があります。ここで紹介するものがすべてではありませんが、参考にしてください。

### ①メーカーに問い合わせる

ホームページ上に「販売代理店募集」「加盟店募集」と書かれていて、専用の応募フォームを設けている会社もあります。気になるメーカーがあったら、まずはホームページを見てみましょう。

このとき、**Amazonでよく売れていて、かつ出品者の多い商品のメーカーを探すのがコツ**です。このような会社は、販売代理店契約に積極的な可能性が高いからです。

### ②展示会で交渉する

「ギフト・ショー」や「ギフテックス」などのメーカーが集まる展示会に参加して、販売代理店になるための交渉をするという方法もあります。もともと商談をするための場なので、自然と交渉に入れます。**個人と取引している企業も多い**ので、臆することはありません。

展示会に足を運ぶ前に、出展企業の下調べをして、**Amazonでよく売れている商品や、その類似商品に狙いを定めておく**のがポイントです。

また、交渉時に必ず話をするのが、最小注文数量（MOQといいます）です。1個でもよい場合もあれば、数百個以上を要求されることもあります。

### ③海外メーカーに問い合わせる

①の方法と近いですが、海外のメーカーへ直接、取引できないか問い合わせる方法です。日本での販売代理店が決まっていない場合は、交渉次第で日本の販売総代理店になれる可能性もあります。逆に、総代理店を紹介され、そちらと交渉する場合もあります。

## メーカー探しは根気強く

販売代理店になるための方法を3つ紹介しましたが、契約までこぎつけるのは簡単ではありません。問い合わせや交渉をしても、契約できないことのほうが多いので、メーカー探しは根気のいる作業です。

## 販売代理店のメリット

販売代理店の最大のメリットは、安定した仕入れができる点です。仕入れが安定するということは、「このくらい仕入れれば、このくらいの売上になる」という予想をしやすくなります。

Amazonで人気の高い商品であれば、たとえ出品者が多くても誰かに売上を独占されることはなく、順番に売れていきます。競争については、そこまで気にする必要はありません。また、国内取引なら比較的安心できるというのもポイントです。

## デメリットもある

デメリットもないわけではありません。メーカーが決めた仕切り値があると、利幅が少なくなります。最小ロットがある場合は、取引するためにたくさんの在庫を抱えることになります。

また、支払いもクレジット決済ができず、現金払いになることが多いです。

いいものを長く売るためにも、代理店になることを検討しよう

# Amazonベンダー取引をしよう

独自の製品があれば、Amazonとも取引できます。

## Amazonに独自製品を売る

一般ユーザーに商品を販売する出品サービスとは別に、Amazonに商品を卸す「Amazonベンダーエクスプレス」というサービスがあります。独自の製品を扱うようになったら、ベンダーエクスプレスでAmazonに販売を委ねることを検討してもよいでしょう。

このサービスの魅力は、Amazonのブランド力を活用できるところです。Amazonみずから販売することになるので、**検索に強く、カートボックス獲得率も高い**はずです。ほかにも購入者の信用度が高まるなど、利点は多くあります。

ただし、よいことばかりではありません。ここでは主に、ベンダーエクスプレスを始めるにあたって気をつけるべきポイントを解説します。

Amazonベンダーエクスプレス
URL https://vendorexpress.amazon.co.jp/

## 卸売価格

はじめにベンダーエクスプレスのしくみを説明します。まず、卸売価格をAmazonに提案して、それが想定内の金額であれば承諾されます。Amazonが想定した卸売価格よりも高ければ、価格交渉になります。おそらく、**実勢価格の6掛け**程度が卸値になるのではないかと思います。

出品サービスで販売すれば10割の小売価格で売れるものが、6割の卸売価格に下がってしまいますので、よい条件の仕入れルートを持っていなければ参入しづらいサービスといえます。

## 取り扱い可能な商品

ベンダーエクスプレスでは、次に挙げるカテゴリーの商品を販売可能です。

・文房具、オフィス用品
・楽器

- ホーム
- キッチン
- AV&モバイル
- カメラ
- パソコン、周辺機器
- 大型家電
- おもちゃ
- スポーツグッズ
- 家庭用工具、修理用品
- 産業、研究開発用品
- 自動車部品
- ペット
- ベビー&マタニティ
- ビューティー
- ヘルスケア&パーソナルケア
- 食品&飲料
- バッグ

## 入金サイクルと費用

Amazonからの納入依頼に対応したあと、請求書を送ります。入金は、請求月の3カ月後の月の5日です。つまり、商品を納めた月の月末から約95日後になるので、資金繰りに十分な余裕がないと厳しいでしょう。

ベンダーエクスプレスに初期費用はかかりませんが、販売したい商品のサンプルを無償提供する必要があります。このとき提供する商品と、推奨する販売価格は提供者が決めます。サンプル数は推奨価格によって変わります。

- 推奨価格が500～6000円の場合、3個
- 1商品の価格が6001～9000円の場合、2個
- 1商品の価格が9001円以上の場合、1個

提供したサンプルは、Amazonが実際に販売します。無事売れれば、次回から有償の納入依頼がされます。つまり、サンプルは需要の確認用ということです。

## 出品サービスと比較してから決めよう

このように、取引形態や入金サイクルなど、出品サービスとはまったく異なるサービスです。独自の製品や仕入れルートを持っている出品者に向いています。

出品サービスと比較してメリットが大きくなるか検討し、参加するかどうかの判断をしましょう。

# FBAマルチチャネルサービスで販路を広げよう

FBAから、Amazon以外の顧客に出荷できます。

## FBAはAmazon以外の販路にも使える

Amazon以外の販路で販売した商品の出荷、配送、在庫管理をAmazonが代行する「FBAマルチチャネルサービス」というものがあります（図10）。すでにFBAを利用している人なら、セラーセントラルから出荷依頼をするだけで、簡単に利用できます。

たとえばAmazonとヤフオク！で同じ商品を出品して、在庫はFBAにまとめておく、といった使い方ができます。また、サンプルやプレゼントとして商品を送りたいときにも使えるサービスです。

## マルチチャネルサービスのメリット

マルチチャネルサービスは、FBAのシステムを利用するため、24時間365日出荷可能で、「当日お急ぎ便」や「お急ぎ便」にも対応しています。1個からでも利用できる点も便利です。

費用面でのメリットは、システム利用料などの固定費がかからないことです。利用したぶんだけ課金されるしくみになっています。ただし、在庫保管手数料は日割り計算で請求されます。

図10

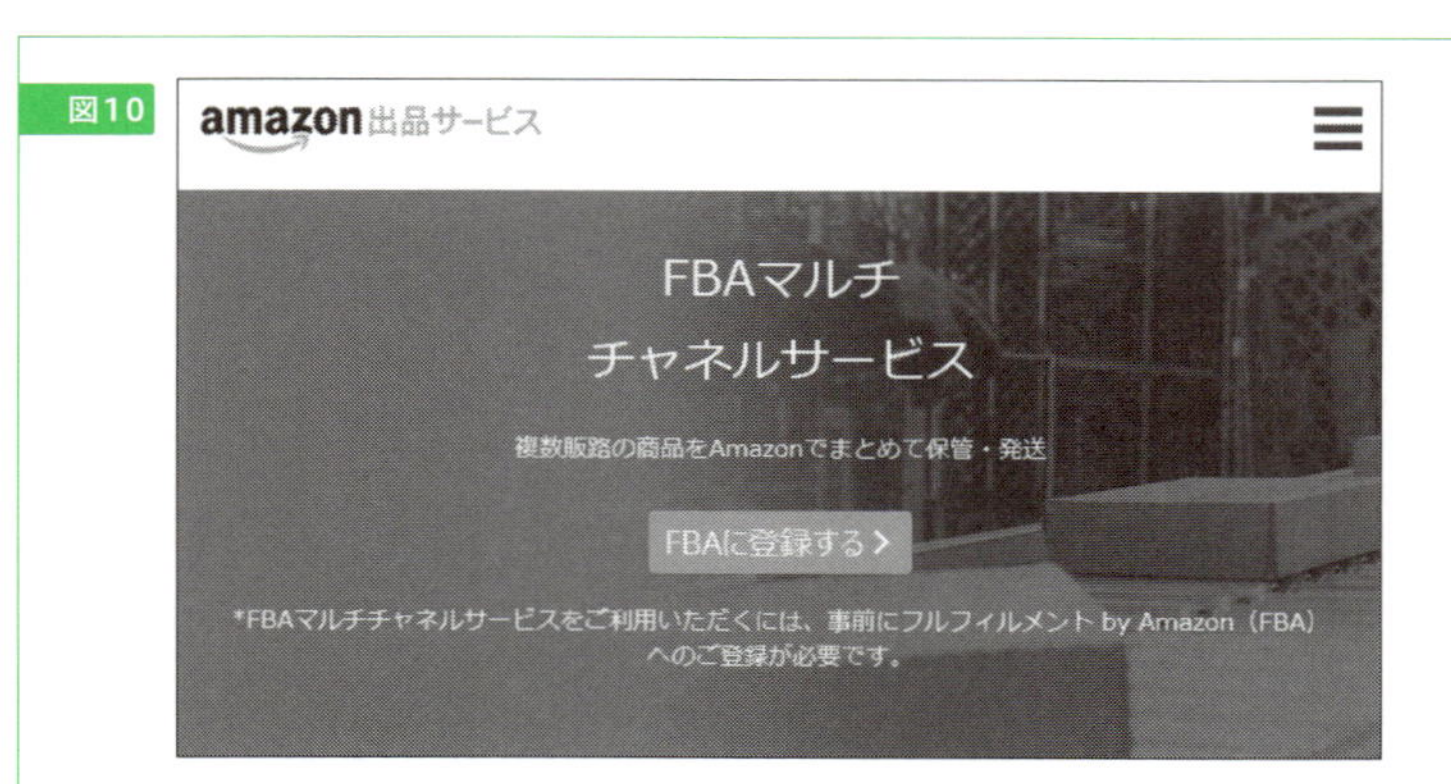

## あとがき

『プラス月5万円で暮らしを楽にする超かんたんAmazon販売』をお読みいただき、ありがとうございます。本書では、初心者でも月に5万円の収入を得るため、特に稼ぎやすい手法を選りすぐって書いたつもりです。

このビジネスの魅力は、なんといってもAmazonの圧倒的な集客力を利用させてもらえるところです。Amazonでは、SEOの技術や広告・宣伝力に長けていなくても、誰もが簡単にECサイトの運営に参加することができます。しかし、だからこそ、出品者同士によるショッピングカートボックス獲得のための熾烈な競争が行われています。

ライバルの出品者は、フェアな人ばかりではありません。もしかしたら、いたずらに商売を邪魔する人もいるかもしれません。Amazonでの販売を続けていると、経験しなくてはわからないようなトラブルに見舞われることもあります。もし自分1人で解決が難しいようなことが生じた場合は、セラーフォーラムや、身近にいるAmazon販売の経験者に相談して解決するようにしてください。

Amazonでの販売はオートマチックな部分が多く、購入者の顔が見えません。そのため、つい忘れがちなのですが、やはり人と人で成り立っている商売です。購入者に向けて誠実な対応をして、胸を張っておすすめできる優れた商品とサービスを提供していれば、おのずと結果はついてくるものです。

単にモノを売る行為だと考えず、自分のストアを選んで買ってもらえるような、購入者から一目置かれる出品者を目指しましょう。

Amazon販売は本当におもしろいです。自分が売った商品が、たとえば誕生日や記念日のプレゼントに使われたり、誰かのお気に入りアイテムとなって生活に欠かせないものになっていたり。遠い場所でさまざまなドラマを演出していると思うと、ワクワクしませんか？

自分が出品した商品が売れたときももちろん嬉しいですが、なにより購入者から感謝の声をいただけると感慨無量の喜びを得ることができますよ。インターネットを介して、遠くの人に喜びや笑顔を届けることができる。それこそがAmazon販売の醍醐味ではないでしょうか。

本書がAmazon販売をはじめるきっかけとなれたら幸いです。

2016年10月　小笠原 満

# Index

著者プロフィール

小笠原 満（おがさわら・みつる）

1975年生まれ、青森県十和田市出身。合同会社万和通（ばんわつう）代表社員。ヤフオク！、Amazon、楽天市場で物販をするかたわら、2012年に中国輸入代行サービス・タオバオさくら代行を立ち上げる。

2013年、週刊SPA！に「超高級品を半値以下で買う」裏ワザ特集を寄稿。2014年に『Amazon出品サービス達人養成講座』（翔泳社）、2015年に『タオバオ＆アリババで中国輸入　はじめる＆儲ける　超実践テク』（共著、技術評論社）を出版。

現在は中国の浙江省に事務所を構え、日本と中国を行ったり来たりのビジネスライフを送っている。中国輸入ビジネスのセミナー講師としても活躍中。

公式サイト　http://www.gsp-importchina.com
義烏スマイルライナー　http://スマイルライナー.com/
タオバオさくら代行　http://sakuradk.com/

| 装丁・本文デザイン | 大下賢一郎 |
|---|---|
| DTP | BUCH⁺ |
| イラスト | 伊藤さちこ |

**プラス月5万円で暮らしを楽にする超かんたんAmazon（アマゾン）販売**

2016年10月19日　初版第1刷発行
2017年10月 5 日　初版第2刷発行

| 著　者 | 小笠原 満 |
|---|---|
| 発行人 | 佐々木 幹夫 |
| 発行所 | 株式会社 翔泳社（http://www.shoeisha.co.jp/） |
| 印刷・製本 | 凸版印刷 株式会社 |



ISBN978-4-7981-4867-0　　Printed in Japan